菌类家常菜一学就会

甘智荣 主编

江苏凤凰科学技术出版社 凤凰含章

图书在版编目（CIP）数据

菌类家常菜一学就会 / 甘智荣主编 . -- 南京 : 江苏凤凰科学技术出版社 , 2015.7
（食在好吃系列）
ISBN 978-7-5537-4318-9

Ⅰ . ①菌… Ⅱ . ①甘… Ⅲ . ①食用菌类 – 菜谱 Ⅳ . ① TS972.123

中国版本图书馆 CIP 数据核字 (2015) 第 065796 号

菌类家常菜一学就会

主　　编	甘智荣
责任编辑	张远文　葛　昀
责任监制	曹叶平　周雅婷
出版发行	凤凰出版传媒股份有限公司 江苏凤凰科学技术出版社
出版社地址	南京市湖南路 1 号 A 楼，邮编：210009
出版社网址	http://www.pspress.cn
经　　销	凤凰出版传媒股份有限公司
印　　刷	北京旭丰源印刷技术有限公司
开　　本	718mm × 1000mm　1/16
印　　张	10
插　　页	4
字　　数	260千字
版　　次	2015年7月第1版
印　　次	2015年7月第1次印刷
标准书号	ISBN 978-7-5537-4318-9
定　　价	29.80元

图书如有印装质量问题，可随时向我社出版科调换。

目录

01 热炒

02 凉拌

03 汤、羹

04

焖、烧

05

煎、炸、烤

06

蒸、煮

吃菇也要识菇

随着养生之风兴起，许多餐厅菜品都会以菇类来作为主菜，它含有丰富的多糖体，对人体健康非常有益，但是菇有很多种类，到底该怎么烹调？我们这就告诉你菇的种类，以及各种菇的特性。

鲍鱼菇

鲍鱼菇菇面大而厚实、口感嫩滑有弹性、味道清爽，常以烩煮的方式烹调，由于口感极佳又没特殊味道，常作为宴客菜品的配菜。近年来常见到的秀珍菇也是鲍鱼菇的一种。

香菇

香菇是中式菜品不可或缺的菇类，算是最常见的菇类之一，因干燥后会有浓郁的香味而得名。新鲜香菇香味淡，但肉质肥厚，口感非常好，适合各种烹炒方式。

茶树菇

茶树菇又称柳松菇，长着圆柱形菇伞且菇茎细长，因常生于茶树或松树上而得其名。原产于我国台、闽、云南一带的2000米以上的山区。其滋味清爽、膳食纤维丰富，有助消化的功能。

杏鲍菇

因具有杏仁香味、口感近似鲍鱼，故名为杏鲍菇。其经济价值最高，风味佳，所以除了可炒、炸，日本人也流行将杏鲍菇切片后焯烫，当素生鱼片食用。

口蘑

口蘑又称作白蘑，是世界上人工栽培最多、西方食材中较常用的菇类。可用于煮汤、焗烤甚至可生吃，但口蘑表面非常娇弱，受到撞击或挤压就会有褐色痕迹出现，因此只能靠人工采收。

珊瑚菇

珊瑚菇也称金顶侧耳菇或玉米菇，珊瑚菇味道清香、颜色金黄鲜艳。但是太成熟时味道会变重，颜色也没那么漂亮，在加热后金黄色的菇伞会变成淡淡的鹅黄色。

草菇

草菇因采收后不耐保存，因此大多制成罐头，新鲜草菇本身味道淡，但因有种特殊味道，有些人不大能接受。在烹制前可以先将其焯烫，适合煮汤、热炒。

金针菇

金针菇古时称作“秋蕈”，现在经过人工栽培，一年四季都可以采收，价格平实，属于平价亲民的食材。

白灵菇

白灵菇是口感非常清脆的一种菇类，没有特殊味道，用来清炒风味极佳。其清脆带有韧性，与一般菇类滑嫩的口感不同，因此也是这几年大受人们欢迎的菇类之一。

白玉菇

白玉菇又称精灵菇，因整株雪白且菌体完整美丽又有“美白菇”的名称，并不是吃了就能真的美白。其口感清脆、味道甘甜，适合热炒、凉拌。

姬松茸

姬松茸因原产地在巴西高山，又称巴西口蘑，喜低温潮湿的环境。其单价高、营养价值也高，富含麦角固醇，可改善骨质疏松症。

松茸菇

松茸菇是近几年很流行的菇类，由日本引进，口感清脆、味道鲜美，日本人常用来煮火锅；而中式烹调则可炒、炸，蒂头略带苦味，但不减其风味。

香菇这类较大且肉厚、有菇梗的菇类，整朵吃和单纯吃菇伞的口感完全不同，想要一菇全利用，以下教你简单的处理步骤。

切丁

鲜香菇和干香菇可以切成小丁，做成炸酱，或是加入馅料中，增加口感。

切片

鲜香菇最常见的切制方式就是切块或切片，无论是拿来清炒或搭配其他食材炖煮都很适合。

搅泥

市售的干香菇蒂使用前必须先泡水还原，再用食物搅拌器打成泥，加入炸酱中不仅可增加膳食纤维含量，还会更好入口。

剥丝

鲜香菇的蒂切除之后，不要轻易丢弃，可先用手剥成细丝，油炸后再调味就是一道美味佳肴了。

常见菇类的挑选及烹制前的处理

香菇挑选要诀

挑选鲜香菇必须以伞部较为圆厚且无缺口，菇轴的水分呈现饱满状，菌丝的部分呈白色者为佳。鲜香菇最适合裹粉后油炸。

烹制前处理

❶ 烹制前必须先将根部沾土的部分切除。

❷ 再仔细用清水将伞部和菇轴部分洗干净。

❸ 煮火锅、熬汤时可在菇伞轻划上十字纹，可更好地入味。

❹ 如果要做配汤料或热炒，可将鲜香菇削厚片或切薄片。

口蘑挑选要诀

选购口蘑时要注意伞部如果有黑点或破损则为品质不良。好的口蘑其伞部必须呈现圆墩形且紧实，根部则要粗厚无黑点，闻起来要有菇的香味。

烹制前处理

❶ 烹制前必须先将根部沾土的部分切除。

❷ 再仔细用清水将伞部和菇轴部分洗干净。

❸ 如想要做热炒或是酱汁配料，可以切成薄片。

❹ 如是想要整个做汤或是作为勾芡材料，可事先加以焯烫至软。

特色菇类的挑选及烹制前的处理

茶树菇挑选要诀

茶树菇纤维细致，且吃起来比金针菇更滑嫩，具有甘甜味。茶树菇分黄色与银白色两个品种，差别在于吃起来的口感和嚼劲，挑选时要注意伞部是否圆厚、根部是否粗壮，品质以粗壮者为佳。秋冬是其盛产的季节，当然也有日本进口品种可供选择；大多拿来当火锅料或烧烩食材等。

烹制前处理

整个取下后将根部咖啡色部分切除，用手轻轻将其分离，再一一洗净，就可以直接烹制。

白灵菇挑选要诀

白灵菇外形和金针菇类似，但菇体较大且较硬，吃起来脆脆的，很有嚼劲。购买时要注意外观洁白、根部粗厚且扎实有水分、闻起来没有酸味或霉味者为佳。

烹制前处理

处理时只需要稍微切除根部氧化或咖啡色沾土的部分，轻轻用手将其菇蕈内外和菇体一一洗净即可。

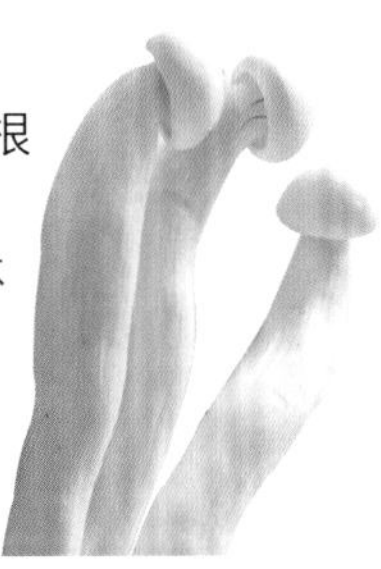

珊瑚菇挑选要诀

新鲜的珊瑚菇伞呈现鲜艳的黄色，表面光滑且带有淡淡清香味。购买时以外观金黄、表面光滑、边缘微卷、薄而脆且易破裂、有清香味的为佳。放久之后其味道会因为太浓而不好闻。

烹制前处理

珊瑚菇含有大量的铁质，与水分接触后蒂头易氧化变黑，因此洗净后切除蒂头就要尽快烹制。

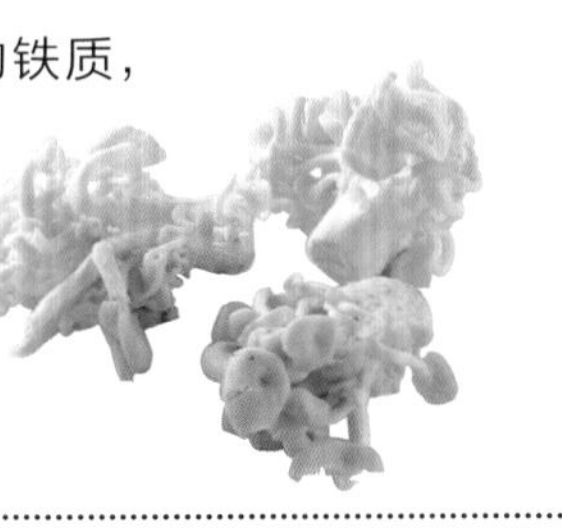

白玉菇挑选要诀

购买时要注意外观洁白、根部粗厚且扎实有水分、闻起来没有酸味或霉味者为佳。

烹制前处理

整个取下后将根部咖啡色部分切除，用手慢慢将其分离，再一一洗净，就可以直接烹制了。

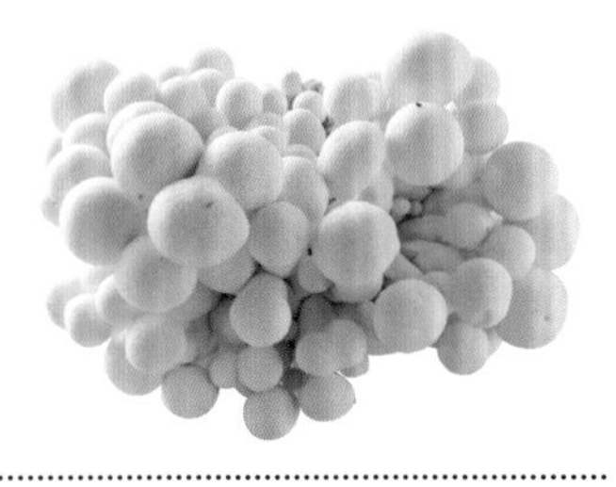

草菇挑选要诀

新鲜的草菇外层会包着一层薄薄的菇伞，且外观完整没有破损，呈现自然的灰黑色，闻起来带有一点点特殊酸味。挑选时要选择菇伞尚未完全打开者为佳。

烹制前处理

草菇有股特殊的气味，许多人吃不惯，在烹制前可以先将草菇对切或切片，再放入滚水中焯烫，去除本身的独特气味，再下锅炒制，味道会更好。

秀珍菇挑选要诀

秀珍菇又称为蚝菇，外形与鲍鱼菇类似，但比较小，外观呈现浅褐色。选购时以菇伞完整且厚、破损少、菌柄短的为佳。另外注意其是否具有弹性，若轻压即有压痕，表示较不新鲜。

烹制前处理

处理时只需要稍微切除根部氧化或咖啡色沾土的部分，轻轻用手将菇体内外和菌褶处一一洗净即可。

01

热炒

新手下厨，炒菜易学易做；老手下厨，炒菜最见功夫。炒菜是餐桌上最常见的菜肴，用热炒的方法来烹饪菌菇类，最能突显其鲜嫩色泽和清新口感。本章将为您介绍多款以菌菇为主要食材的热炒菜肴。

双耳炒木瓜

材料

木瓜、银耳、黑木耳、芥蓝各200克

调味料

白糖、食用油各适量

制作方法

1. 木瓜洗净，去皮，切块；芥蓝洗净，切段；银耳、黑木耳洗净，泡发后撕成小朵。
2. 热锅下油，放入木瓜、芥蓝、银耳、黑木耳翻炒。
3. 加入白糖调味，炒熟即可。

黄瓜炒百合

材料

黑木耳、黄瓜各250克，百合、花生米各适量

调味料

盐、味精、食用油各适量

制作方法

1. 黑木耳洗净，泡发撕成小朵；黄瓜洗净，去皮，切片；百合、花生米洗净，提前泡发。
2. 锅内放水烧开，把百合、花生米放入热水中焯熟，捞出备用。
3. 热锅下油，放入黑木耳、黄瓜翻炒，再放入百合和花生米炒匀。
4. 加入少量水，加入盐和味精调味即可。

黑木耳炒双椒

材料

黑木耳、山药各250克，青椒、红椒各适量

调味料

盐、味精、食用油各适量

制作方法

❶ 黑木耳泡发，洗净，撕成小朵；山药洗净，去皮，切片；青椒、红椒洗净，切片。

❷ 热锅下油，放入黑木耳、山药、青椒、红椒翻炒至熟。

❸ 加入盐和味精炒匀即可。

蒜末炒杂菌

材料

松茸菇、金针菇、香菇、水果沙拉、红椒、圣女果各100克

调味料

料酒50毫升，盐、蒜、味精、食用油各适量

制作方法

❶ 松茸菇洗净，切段；金针菇、香菇洗净；红椒洗净，切丝；蒜洗净，切末。

❷ 热锅下油，放入松茸菇、金针菇、香菇、红椒和蒜末翻炒。

❸ 加入料酒稍焖，入盐和味精调味，装盘，挤上水果沙拉和摆上圣女果即可。

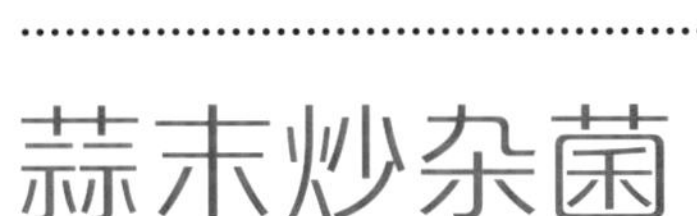

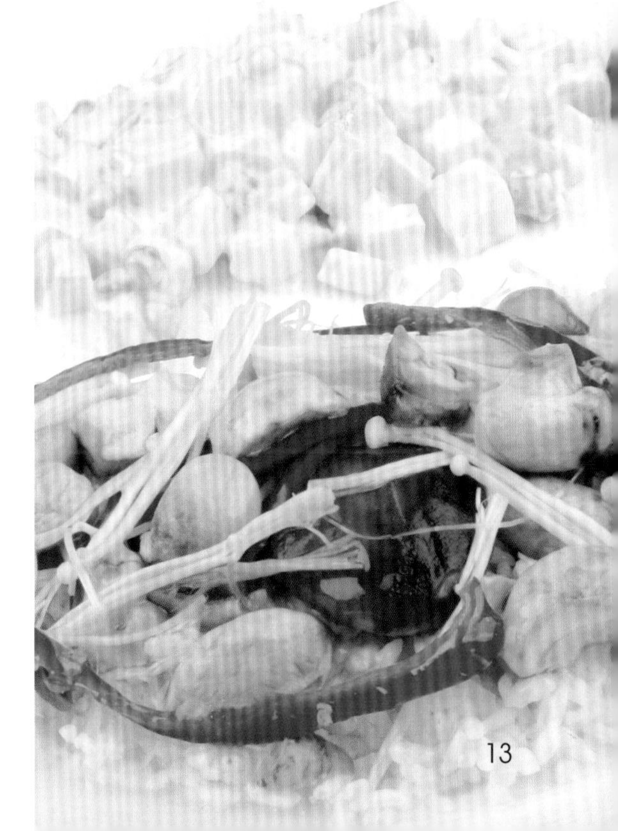

香菇蚝油菜心

材料

香菇200克，菜心150克

调味料

盐3克，鸡精3克，酱油5毫升，蚝油50毫升，食用油、高汤各适量

制作方法

❶ 香菇洗净，划十字纹，用高汤煨至入味；菜心择去黄叶，洗净。

❷ 将菜心入沸水中焯烫至熟。

❸ 油锅置火上，加入蚝油，下入菜心、香菇、盐、鸡精、酱油，一起炒至入味即可。

草菇炒圣女果

材料

菜心150克，草菇、圣女果各100克

调味料

盐、味精各2克，食用油适量

制作方法

❶ 菜心、草菇洗净；圣女果洗净，对半切开。

❷ 锅中注水，烧沸，放入菜心焯熟，捞出装入砂锅中垫底。

❸ 另起油锅，放入草菇和圣女果翻炒至熟，加入盐和味精调味，盛入砂锅中即可。

荠菜草菇炒虾仁

材料

草菇、荠菜各200克，虾仁100克

调味料

盐3克，鸡精2克，食用油适量

制作方法

❶ 草菇洗净，用水浸泡，切小块；荠菜洗净，切碎；虾仁洗净，挑去虾线。

❷ 热锅下油，放入虾仁稍炒，捞出；再放入草菇和荠菜翻炒。

❸ 再入虾仁和少量水炒熟，加入盐和鸡精调味即可。

清炒草菇

材料

草菇300克

调味料

姜、葱、蒜各3克，盐、鸡精、食用油各适量

制作方法

❶ 草菇洗净，用清水浸泡；姜、蒜洗净，切片；葱洗净，切段。

❷ 热锅下油，放入姜、蒜炝锅，再入草菇翻炒，加入少量水稍焖。

❸ 放入葱和盐炒熟，入鸡精调味即可。

茭白炒金针菇

材料

茭白350克，金针菇150克，水发黑木耳50克，红椒、香菜各适量

调味料

姜2片、盐、白糖、白醋、食用油、香油各适量

制作方法

❶ 茭白去壳洗净切丝，入沸水中焯烫，捞出。

❷ 金针菇洗净，入沸水中焯烫，捞出；红椒洗净去籽切细丝；水发黑木耳、姜洗净切细丝；香菜洗净切段。

❸ 锅内加食用油，大火烧热，爆香姜丝、红椒丝，再放入茭白、金针菇、黑木耳炒匀，最后加盐、白糖、白醋、香油调味，放入香菜段，装盘即可。

白果炒双菇

材料

草菇、香菇各150克，白果10克，芥蓝、山药、朝天椒各适量

调味料

盐2克，鸡精1克，食用油适量

制作方法

❶ 草菇、香菇、白果洗净，浸泡；芥蓝、山药洗净，去皮，切菱形片；朝天椒去蒂，洗净、切段。

❷ 热锅下油，放入朝天椒炝锅，再入草菇、香菇、白果、芥蓝、山药翻炒。

❸ 加入少量水焖熟，加入盐和鸡精调味即可。

荠菜虾仁双菇

材料

草菇	200克
香菇	200克
荠菜	200克
虾仁	100克

调味料

盐	3克
鸡精	2克
食用油	适量

制作方法

❶ 草菇、香菇洗净，用水浸泡，草菇对切；荠菜洗净，切碎；虾仁洗净。

❷ 热锅下油，放入虾仁稍炒，捞出备用；锅留底油再放入草菇、香菇和荠菜翻炒。

❸ 再入虾仁和少量水稍焖，加入盐和鸡精调味即可。

草菇雪里蕻

材料

草菇200克，雪里蕻150克，红椒15克，板栗适量

调味料

盐3克，食用油适量

制作方法

❶ 将草菇洗净，对切；雪里蕻洗净，切碎；红椒洗净，去籽切块；板栗去壳、去皮。

❷ 烧热水，放入草菇焯烫片刻，捞起，沥干水。

❸ 另起锅，倒油烧热，放入草菇、雪里蕻、红椒、板栗，调入盐，炒熟即可。

黄花菜炒金针菇

材料

金针菇200克，黄花菜100克，红椒、青椒各30克

调味料

盐3克，食用油适量

制作方法

❶ 将金针菇洗净；黄花菜用清水浸泡，洗净；红椒、青椒洗净，去籽，切条。

❷ 锅置火上，烧热油，放入红椒、青椒爆香。

❸ 再放入金针菇、黄花菜，调入盐，炒熟即可。

家常肉末金针菇

材料

金针菇300克，猪肉100克

调味料

红油、酱油、食用油各3毫升，盐、淀粉各3克，葱花少许

制作方法

❶ 金针菇洗净；猪肉洗净剁成末；淀粉加水拌匀成水淀粉。

❷ 锅中倒油烧热，下入猪肉末炒至变色，加入金针菇炒匀。

❸ 下盐和酱油调味，加入水淀粉勾芡，淋入红油拌匀，撒上葱花即可出锅。

珍珠香菇

材料

香菇200克

调味料

盐、味精、香油、食用油各适量

制作方法

❶ 香菇洗净，用清水泡发后洗净、控干。

❷ 热锅下食用油，放入香菇翻炒。

❸ 加入盐和味精炒熟，淋入香油即可出锅。

茶树菇炒牛肉丝

材料

茶树菇300克，牛肉200克，芹菜梗80克

调味料

盐5克，味精2克，酱油、白醋、红糖、食用油各适量

制作方法

❶ 茶树菇洗净，浸泡；牛肉洗净，切丝；芹菜梗洗净，切段。

❷ 热锅下油，放入牛肉翻炒至八九分熟，捞出；锅内留少许底油，再放入茶树菇、芹菜梗翻炒。

❸ 放入牛肉炒熟，加入盐、味精、酱油、白醋、红糖炒匀即可。

茶树菇炒牛柳

材料

茶树菇350克，牛柳200克，青椒、红椒各适量

调味料

盐5克，味精2克，香油、食用油适量

制作方法

❶ 茶树菇洗净，浸泡、控干；牛柳洗净，切丝；青椒、红椒洗净，切条。

❷ 热锅下油，放入牛柳翻炒至断生，再放入茶树菇、青椒、红椒翻炒。

❸ 加入盐、味精调味，淋上香油炒熟即可。

茶树菇炒猪肚

材料

干茶树菇350克，猪肚100克，芹菜梗、红椒各适量

调味料

盐5克，味精1克，料酒、食用油各适量

制作方法

❶ 茶树菇洗净，切段；猪肚洗净，处理干净，切条；芹菜梗、红椒洗净，切条。

❷ 热锅下油，放入猪肚、茶树菇、芹菜梗、红椒翻炒至熟。

❸ 加入料酒稍焖，再放入盐和味精调味即可。

茶树菇炒松板肉

材料

茶树菇400克，松板肉150克，青椒、红椒各适量

调味料

盐5克，味精2克，香油、食用油各适量

制作方法

❶ 茶树菇洗净，浸泡；松板肉切丝；青椒、红椒洗净，切条。

❷ 热锅下油，放入松板肉、茶树菇、青椒、红椒翻炒。

❸ 加入盐、味精炒熟，淋入香油即可。

茶树菇炒鸡丝

材料

茶树菇250克，鸡脯肉200克，韭菜、蒜薹、红椒各适量

调味料

盐、味精、食用油各适量

制作方法

❶ 茶树菇洗净，浸泡；鸡脯肉洗净，切丝；韭菜、蒜薹、红椒洗净，切条。

❷ 热锅下油，放入鸡肉、茶树菇、韭菜、蒜薹、红椒翻炒。

❸ 加入盐、味精炒熟即可。

腊肉炒茶树菇

材料

干茶树菇350克，腊肉100克，蒜薹适量

调味料

盐5克，味精1克，食用油适量

制作方法

❶ 干茶树菇浸泡洗净，切段；腊肉洗净，切条；蒜薹洗净，切段。

❷ 热锅下油，放入腊肉、茶树菇、蒜薹翻炒。

❸ 放入盐和味精调味即可。

肉碎酱爆茶树菇

材料

猪肉250克，茶树菇150克，青椒、红椒各50克

调味料

盐3克，葱5克，淀粉、食用油各适量

制作方法

❶ 猪肉洗净，切丁；茶树菇洗净备用；青椒、红椒均去蒂洗净，切条；葱洗净，切段；将淀粉加水、盐，搅拌成水淀粉，分别将猪肉、茶树菇裹上水淀粉。

❷ 起油锅，将猪肉、茶树菇炸熟，捞出控油备用。

❸ 锅底留少许油，入青椒、红椒、炸好的猪肉丁、茶树菇、葱段略炒，放盐调味，盛盘即可。

五花肉炒茶树菇

材料

五花肉300克，茶树菇200克，青椒、红椒各50克

调味料

盐、鸡精、酱油、白醋、食用油各适量

制作方法

1. 五花肉洗净切片；茶树菇泡发洗净；青椒、红椒均去蒂洗净切丝。
2. 油锅烧热，下五花肉炒至变色，盛出。
3. 锅里倒入茶树菇、青椒、红椒炒香，再倒入五花肉，加盐翻炒至熟，调入鸡精、酱油、白醋调味即可。

干锅茶树菇

材料

茶树菇500克，猪肉100克，朝天椒、香菜各适量

调味料

盐、味精、五香粉、香油、酱油、食用油各适量

制作方法

1. 茶树菇洗净，浸泡；猪肉洗净，切丝；朝天椒、香菜洗净，切段。
2. 热锅下油，放入朝天椒炝锅，放入茶树菇、猪肉翻炒，加入少量水稍焖。
3. 加入盐、味精、五香粉、香油、酱油调味，转入干锅，撒上香菜即可。

干锅豆豉茶树菇

材料

茶树菇 300克
朝天椒 适量
香菜 适量
豆豉 适量

调味料

盐 适量
味精 适量
葱 适量
蒜 适量
食用油 适量

制作方法

❶ 茶树菇洗净，浸泡；朝天椒、葱、香菜洗净，切段；蒜洗净，切片。

❷ 热锅下油，放入朝天椒、蒜炝锅，再放入茶树菇、豆豉翻炒。

❸ 加入盐、味精翻炒至熟，转入干锅，撒上葱段和香菜即可。

干煸茶树菇

材料

茶树菇400克，青椒、红椒各100克

调味料

盐3克，味精2克，香油、食用油适量

制作方法

❶ 茶树菇洗净，浸泡；青椒、红椒洗净，切丝。

❷ 热锅下油，放入茶树菇、青椒、红椒翻炒。

❸ 加入盐、味精炒熟，淋入香油即可。

辣炒茶树菇

材料

茶树菇400克，五花肉100克，干红椒、香菜各适量

调味料

盐、味精、麻辣粉、食用油各适量

制作方法

❶ 茶树菇洗净，浸泡；五花肉洗净，切片；干红椒切段；香菜洗净、切段。

❷ 热锅下油，放入干红椒炝锅，放入五花肉、茶树菇翻炒，加入适量水稍焖。

❸ 加入盐、味精、麻辣粉调味，转入干锅，撒上香菜即可。

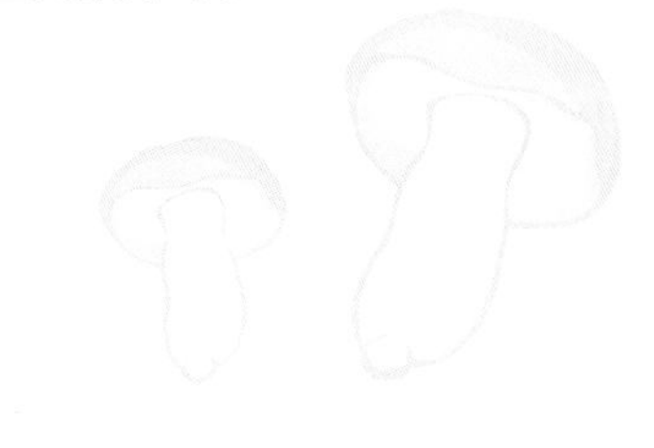

麻辣金针菇

材料

金针菇300克，蒜2瓣，红椒1个，葱丝少许

调味料

辣椒油、香油、白糖、辣豆瓣酱、盐各少许

制作方法

❶ 金针菇洗净后切除蒂头；蒜切末；红椒去籽、切丝，备用。

❷ 炒锅中先加入香油，再加入蒜末、红椒和葱丝，以中火爆香。

❸ 再加入金针菇和其余调味料，以中火煮至汤汁略收干即可。

干锅风味双菇

材料

茶树菇、香菇各300克，朝天椒、芹菜梗各适量

调味料

盐、味精、五香粉、食用油各适量

制作方法

❶ 茶树菇洗净，浸泡，切段；香菇洗净，切片；朝天椒洗净，切丁；芹菜梗洗净，切段。

❷ 热锅下油，放入朝天椒炝出香味，再入茶树菇、香菇、芹菜梗翻炒。

❸ 加入盐、味精、五香粉调味，转入干锅即可。

干锅红油茶树菇

材料

茶树菇400克，朝天椒适量

调味料

盐、味精、葱、红油、食用油各适量

制作方法

❶ 茶树菇洗净，切段；朝天椒洗净，切丁；葱洗净，切段。

❷ 热锅下油，放入葱段、朝天椒、茶树菇翻炒。

❸ 加入盐、味精调味，转入干锅，最后淋入红油即可。

石锅韭菜茶树菇

材料

干茶树菇、韭菜各200克，猪肉100克，朝天椒适量

调味料

盐、味精、食用油适量

制作方法

❶ 干茶树菇洗净，浸泡；韭菜洗净，切段；猪肉洗净，切丝；朝天椒洗净，切段。

❷ 热锅下油，放入朝天椒、猪肉、茶树菇翻炒，再放入韭菜炒匀。

❸ 加入盐、味精调味，炒熟，转入石锅即可。

茶树菇炒鲍笋

材料

茶树菇、鲍笋各200克，青椒、红椒、黄甜椒各适量

调味料

盐3克，味精1克，食用油适量

制作方法

❶ 茶树菇、鲍笋洗净，切条；青椒、红椒、黄甜椒洗净，切条。

❷ 热锅下油，放入茶树菇、鲍笋、青椒、红椒、黄甜椒翻炒。

❸ 加入盐、味精调味即可。

纸锅韭菜茶树菇

材料

茶树菇250克，韭菜100克，香菜、红椒、熟白芝麻各适量

调味料

盐3克，味精1克，食用油适量

制作方法

❶ 茶树菇、韭菜洗净，切段；香菜洗净，备用；红椒洗净，切条。

❷ 热锅下油，放入茶树菇、红椒、韭菜翻炒。

❸ 加入盐、味精调味，撒上熟白芝麻，转入纸锅，撒上香菜即可。

金针菇炒黄瓜

材料

金针菇	150克
茭白	1个
小黄瓜	1个
红椒	1/2个
葱	1根
香菜	少许

调味料

味淋	少许
盐	少许
食用油	少许

制作方法

❶ 金针菇切去根部后洗净；茭白剥去外皮后洗净、切片备用。

❷ 红椒洗净、切长条；葱洗净、切段；小黄瓜洗净、对切后切长条，备用。

❸ 热锅，倒入油烧热，先放入红椒条和葱段爆香，再放入茭白片、小黄瓜条以中火炒香。

❹ 锅内加入金针菇、味淋和盐，一起拌炒均匀后盛盘，再加入香菜装饰即可。

滑子菇炒肉片

材料

猪肉300克，滑子菇200克，青椒、红椒各50克

调味料

盐3克，鸡精2克，白醋、水淀粉、食用油各适量

制作方法

❶ 猪肉洗净，切片；滑子菇洗净；青椒、红椒均去蒂洗净，切片。

❷ 起油锅，放入猪肉炒至肉色变白，再放入滑子菇、青椒、红椒一起炒，加盐、鸡精、白醋炒至入味。

❸ 待熟用水淀粉勾芡，装盘即可。

清炒滑子菇肉丝

材料

猪肉200克，滑子菇200克

调味料

盐3克，鸡精2克，水淀粉、食用油各适量

制作方法

❶ 猪肉洗净，切丝；滑子菇洗净备用。

❷ 锅下油烧热，放入猪肉炒至肉色变白，再放入滑子菇一起炒，加盐、鸡精炒至入味。

❸ 待熟用水淀粉勾芡，装盘即可。

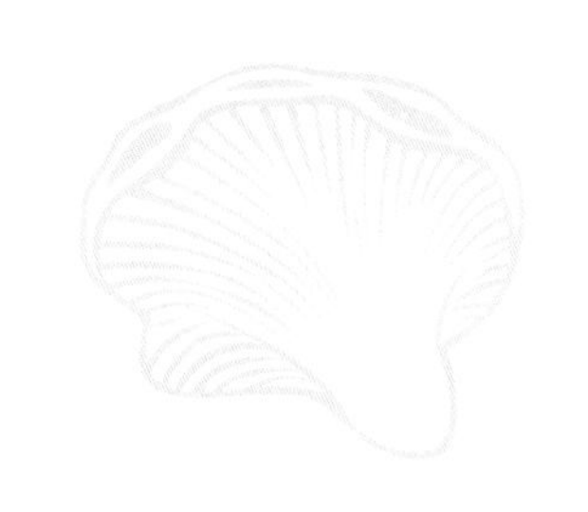

滑子菇双椒肉丁

材料

滑子菇300克，猪肉350克，青椒、红椒各50克

调味料

鸡精1克，酱油5毫升，白糖6克，食用油，盐、料酒、水淀粉各适量

制作方法

❶ 滑子菇洗净；猪肉洗净切丁；青椒、红椒洗净切小丁。

❷ 锅倒油烧热，倒入猪肉略炒，烹入料酒，放入滑子菇、青椒、红椒翻炒至肉变色。

❸ 调入酱油、鸡精、盐、白糖入味，用水淀粉勾芡即可。

葱香滑子菇

材料

滑子菇500克

调味料

盐　　适量
味精　适量
食用油 适量
葱　　20克

制作方法

❶ 滑子菇洗净，用水浸泡；葱洗净，切花。

❷ 热锅下油，放入滑子菇翻炒，加入少量水稍焖。

❸ 放入盐和味精调味炒匀，出锅，撒上葱花即可。

双椒炒双菇

材料

滑子菇、口蘑各150克，青椒、红椒各适量

调味料

盐3克，味精1克，食用油适量

制作方法

❶ 滑子菇洗净，浸泡；口蘑洗净，切成小块；青椒、红椒洗净，切块。

❷ 热锅下油，放入滑子菇、口蘑、青椒、红椒翻炒至熟。

❸ 加入盐和味精调味，装盘即可。

蚝油炒双菇

材料

滑子菇、香菇各200克，葱白100克

调味料

蚝油、盐、味精、食用油、酱油各适量

制作方法

❶ 滑子菇、香菇洗净，浸泡；葱白洗净，切段。

❷ 热锅下油，放入滑子菇、香菇滑油，再放入葱白翻炒。

❸ 加入盐、味精和酱油炒熟，淋入蚝油炒匀即可。

螺片炒鸡腿菇

材料

鸡腿菇200克，海螺片300克，青椒、红椒各少许

调味料

盐3克，味精1克，白醋8毫升，酱油12毫升，食用油适量

制作方法

❶ 鸡腿菇洗净，切片；海螺片洗净；青椒、红椒洗净，切片。

❷ 锅内注油烧热，放入海螺片炒至变色后，加入鸡腿菇、青椒、红椒炒匀。

❸ 炒至熟后，加入盐、白醋、酱油炒匀至入味，再加入味精调味，起锅装盘即可。

菜心鸡腿菇

材料

鸡腿菇200克，菜心150克，洋葱、红椒各适量

调味料

盐、味精、蚝油、食用油各适量

制作方法

❶ 鸡腿菇洗净，切段；菜心洗净；洋葱、红椒洗净，切片。

❷ 锅中注水煮开，放入菜心焯熟，捞出装盘。

❸ 热锅下食用油，放入鸡腿菇翻炒，放入洋葱和红椒炒匀，加入盐、味精、蚝油翻炒至熟即可。

双柳爆炒鸡腿菇

材料

鸡腿菇、鸡柳、牛柳各150克，青椒、红椒各适量

调味料

盐、味精、水淀粉、食用油各适量

制作方法

1. 鸡腿菇洗净，切段；鸡柳、牛柳洗净，切丝；青椒、红椒洗净，切条。
2. 热锅下油，放入鸡柳、牛柳翻炒，再放入鸡腿菇、青椒、红椒翻炒。
3. 加入盐和味精炒熟，放入水淀粉勾芡即可。

牛肉鸡腿菇

材料

荷兰豆、牛肉各300克，鸡腿菇200克

调味料

盐3克，蚝油3毫升，鸡精1克，食用油适量

制作方法

1. 荷兰豆择好洗净；鸡腿菇洗净切块；牛肉洗净切片。
2. 锅中倒油烧热，下入荷兰豆和鸡腿菇炒熟，加盐调味出锅，鸡腿菇倒在盘中央，荷兰豆围在四周装饰。
3. 净锅倒油加热，下入牛肉、鸡精和蚝油炒熟，倒在盘中的鸡腿菇上即可。

香炒白灵菇

材料

白灵菇300克，猪肉150克，青椒、红椒各30克

调味料

酱油5毫升，盐3克，味精1克，食用油适量

制作方法

❶ 白灵菇洗净，切成片，入开水焯烫后捞出；猪肉洗净，切片；青椒、红椒洗净，切成大块。

❷ 锅倒油烧热，放入猪肉、白灵菇片翻炒后，加入青椒、红椒块炒至断生。

❸ 待熟后，加入酱油、盐、味精炒至入味，出锅即可。

牛肉炒白灵菇

材料

白灵菇、西葫芦片各50克，牛肉60克，红椒5克

调味料

盐3克，味精1克，淀粉15克，料酒、酱油各10毫升，食用油适量

制作方法

❶ 白灵菇洗净切片，焯水；红椒洗净，切小块；牛肉洗净切片，用淀粉、料酒腌渍备用。

❷ 炒锅放油烧热，倒入白灵菇、西葫芦炒匀盛盘。

❸ 另起锅倒油，倒入牛肉炒至七八成熟，加入盐、味精、酱油调味，再入红椒稍炒，白灵菇和西葫芦回锅炒匀即可。

咸肉炒白灵菇

材料

白灵菇、咸肉各200克，青椒、红椒各适量

调味料

盐3克，味精1克，香油、食用油、酱油各适量

制作方法

❶ 白灵菇、咸肉、青椒、红椒分别洗净，切片。
❷ 热锅下食用油，放入白灵菇和咸肉翻炒，再入青椒、红椒炒匀。
❸ 加入盐、酱油炒熟，放入味精调味，淋上香油即可。

牛肉炒三菇

材料

牛肉、金针菇、香菇、白灵菇各100克

调味料

盐2克，鸡精1克，食用油适量

制作方法

❶ 牛肉洗净，切片；金针菇洗净；香菇、白灵菇均洗净，切片。
❷ 烧热油锅，放入牛肉稍炒后捞出；锅内留油，放入金针菇、香菇、白灵菇翻炒。
❸ 再放入牛肉，加入盐和鸡精炒熟即可。

葱油白灵菇

材料

白灵菇300克，红椒片少许

调味料

盐3克，味精1克，葱20克，食用油适量

制作方法

❶ 白灵菇洗净，切成片后，入开水中稍焯；葱洗净切段。

❷ 炒锅倒油烧热，放入葱段炒出葱油香，下入白灵菇、红椒片翻炒。

❸ 调入盐、味精，略炒即可。

西蓝花素三菇

材料

杏鲍菇、滑子菇、口蘑各100克，西蓝花适量

调味料

盐3克，味精1克，食用油适量

制作方法

❶ 杏鲍菇、口蘑洗净，切块；西蓝花洗净切小块，入开水焯熟后摆盘；滑子菇洗净。

❷ 热锅下油，放入杏鲍菇、滑子菇、口蘑翻炒。

❸ 加入盐、味精调味，出锅盛盘即可。

蟹粉杏鲍菇

材料

杏鲍菇300克

调味料

蟹粉30克，盐、食用油、味精各适量

制作方法

❶ 杏鲍菇洗净，切片。

❷ 热锅下油，放入杏鲍菇翻炒，加入水和蟹粉稍焖。

❸ 加入盐和味精调味即可。

干锅双菇

材料

杏鲍菇、香菇各200克，干红椒、绿豆芽、葱各适量

调味料

盐、味精、食用油各适量

制作方法

❶ 杏鲍菇、香菇洗净，香菇泡发，分别切片；干红椒洗净切段；绿豆芽洗净；葱洗净，切段。

❷ 油锅烧热，放干红椒炝香，入杏鲍菇和香菇翻炒，再入绿豆芽炒熟。

❸ 加入盐、味精调味，撒上葱段，装入干锅即可。

鸡肾炒双菇

材料

杏鲍菇、鸡肾、滑子菇各150克，红枣、蒜苗各适量

调味料

盐、料酒、味精、食用油各适量

制作方法

❶ 鸡肾洗净，用料酒腌渍；杏鲍菇洗净，切块；滑子菇、蒜苗洗净；红枣洗净，去核、泡发。

❷ 热锅下油，放入鸡肾滑炒，入杏鲍菇、滑子菇、蒜苗和红枣炒匀。

❸ 加入盐和味精调味，炒熟出锅即可。

烧烤汁炒双鲍

材料

杏鲍菇、鲍鱼各100克

调味料

盐、味精各5克，烧烤汁、食用油各适量

制作方法

❶ 杏鲍菇洗净，切块；鲍鱼洗净，切块。

❷ 油锅烧热，放入杏鲍菇和鲍鱼翻炒。

❸ 加入盐和烧烤汁炒熟，加入味精调味即可。

杏鲍菇炒面筋

材料

杏鲍菇、面筋各200克

调味料

盐、味精、蒜、葱、酱油、食用油各适量

制作方法

❶ 杏鲍菇洗净，切片；面筋切块；蒜洗净，切片；葱洗净，切花。

❷ 热锅下油，放入蒜爆香，再入杏鲍菇和面筋翻炒。

❸ 加入盐和酱油炒熟，加入味精调味，撒上葱花即可。

双椒牛肝菌

材料

牛肝菌100克，青椒、红椒各50克

调味料

盐3克，味精1克，食用油适量

制作方法

❶ 牛肝菌洗净，入水煮15分钟捞出，沥干切片；青椒、红椒去籽、洗净、切块。

❷ 炒锅倒油烧热，放入牛肝菌、青椒、红椒翻炒。

❸ 调入盐、味精，炒至牛肝菌熟即可。

三丝牛肝菌

材料

牛肝菌300克，猪肉、青椒、红椒各100克

调味料

盐、味精、水淀粉、食用油适量

制作方法

❶ 牛肝菌洗净，切片；猪肉洗净，切丝；青椒、红椒洗净，切丝。

❷ 热锅下油，放入猪肉丝翻炒至八九成熟，捞出备用；锅内留油，入牛肝菌、青椒、红椒翻炒。

❸ 再放入猪肉丝，入盐和味精调味，炒至熟，放入水淀粉勾芡即可。

五花肉炒牛肝菌

材料

五花肉200克，牛肝菌150克，红椒15克，红椒圈适量

调味料

大葱15克，盐、味精各5克，食用油适量

制作方法

❶ 五花肉洗净，切片，入沸水中汆一下；牛肝菌洗净，切片，入水中焯一下；红椒洗净，切片；大葱洗净，切段。

❷ 油锅烧热，入红椒片、五花肉炒香，盛出；锅内留油，入牛肝菌、大葱炒熟。

❸ 放入红椒片、五花肉回锅炒匀，入盐、味精调味，盛盘，撒上红椒圈即可。

肉片炒牛肝菌

材料

牛肝菌100克，猪肉250克，菜心适量

调味料

姜丝6克，盐4克，料酒3毫升，鸡精2克，水淀粉5克，香油5毫升，食用油适量

制作方法

❶ 将牛肝菌洗净，切成片；猪肉洗净，切成片；菜心洗净。

❷ 猪肉放入碗内，加入料酒、水淀粉，用手抓匀稍腌。

❸ 炒锅置大火上烧热，下入食用油、姜丝煸出香味，放入猪肉片炒至断生，加入盐、牛肝菌、菜心炒熟，再调入鸡精、香油炒匀即可。

腊肉牛肝菌

材料

牛肝菌350克，腊肉100克，青椒、红椒各适量

调味料

盐3克，味精1克，蒜50克，水淀粉、食用油各适量

制作方法

❶ 牛肝菌洗净，切片；腊肉洗净，切片；蒜去皮洗净，切块；青椒、红椒洗净，切片。

❷ 热锅下油，放入蒜、青椒、红椒爆香，入牛肝菌和腊肉翻炒。

❸ 入盐和味精调味，炒熟，放入水淀粉勾芡即可。

三味牛肝菌

材料

牛肝菌350克，猪肉、火腿、金针菇各100克

调味料

盐、味精、水淀粉、食用油各适量

制作方法

❶ 牛肝菌洗净，切片；猪肉、火腿洗净，切片；金针菇洗净。

❷ 热锅下油，放入猪肉翻炒，捞出备用；锅内留油，入牛肝菌、金针菇、火腿翻炒。

❸ 再放入猪肉，入盐和味精调味，炒熟，放入水淀粉勾芡即可。

野山菌炒肉片

材料

猪肉、野山菌各200克，蒜薹50克，红椒丝适量

调味料

盐3克，鸡精2克，食用油适量

制作方法

❶ 将猪肉洗净，切片，放炭火上烤至八成熟，待用；野山菌洗净，切段；蒜薹洗净切段。

❷ 热锅下油，爆香红椒丝，下入野山菌翻炒至八成熟，再下入烤肉片、蒜薹段同炒至熟，调入盐、鸡精翻炒均匀即可。

炒什锦菇

材料

平菇、口蘑、水发黑木耳、金针菇各100克，鱿鱼、青椒、红椒、熟白芝麻各适量

调味料

盐、味精、食用油各适量

制作方法

❶ 平菇、口蘑、黑木耳、青椒、红椒均洗净，切片；金针菇洗净；鱿鱼洗净，切花刀。

❷ 热锅下油，放入除白芝麻外的材料翻炒，加少量水稍焖。

❸ 放入盐和味精炒熟，出锅后撒上熟白芝麻即可。

肉丝炒野山菌

材料

猪肉、野山菌各250克

调味料

盐3克，鸡精2克，红油、食用油各适量

制作方法

❶ 将猪肉洗净，切丝；野山菌洗净，切细长段。

❷ 热锅下油，下入猪肉丝、红油翻炒至五成熟，再下入野山菌段同炒至熟，加盐、鸡精调味即可出锅。

三杯杏鲍菇

材料

杏鲍菇	200克
罗勒	1小把
红椒	1个

调味料

酱油	少许
白糖	少许
香油	少许
姜	1小块
蒜	3瓣

制作方法

❶ 将杏鲍菇洗净、切块；姜洗净切片；蒜去皮洗净；红椒洗净切片，备用。

❷ 取炒锅，倒入香油，先加入姜片以中火煸香。

❸ 加入杏鲍菇块与蒜炒香，再放入红椒片与剩余调味料，以中火翻炒均匀。

❹ 续以中火略煮至收汁，再加入洗净的罗勒，稍微烹煮一下即可。

奶油杏鲍菇

材料

杏鲍菇(小)200克，奶油10克，香菜适量

调味料

黑胡椒粉、食用油、蒜香粉、料酒、盐各适量

制作方法

❶ 杏鲍菇洗净对切备用。

❷ 热锅，倒入食用油，再放入奶油煮至溶化，放入杏鲍菇以小火煎至双面上色。

❸ 加入剩余调味料，翻炒均匀，撒上香菜即可出锅。

金沙杏鲍菇

材料

杏鲍菇350克，咸蛋黄3颗，蒜苗圈15克，生菜叶1片

调味料

盐、香菇粉、黑胡椒粉、料酒各少许，吉士粉、食用油各适量，蒜末10克

制作方法

❶ 将杏鲍菇洗净切块，加入除吉士粉和食用油外的调味料拌匀，再放入吉士粉拌匀后炸1分钟，捞起沥油备用；生菜叶洗净备用。

❷ 锅留余油，再加入蒜末爆香，续加入咸蛋黄压碎炒香至出泡沫。

❸ 最后放入炸好的杏鲍菇块炒匀至熟透，再放入蒜苗圈拌炒均匀，将生菜叶铺于盘底，盛盘即可。

肉酱杏鲍菇

材料

杏鲍菇200克，猪肉泥200克，洋葱1/2个，葱花适量

调味料

盐少许，黑胡椒粉、白胡椒粉各少许，酱油、白糖、香油各少许，水、食用油各适量

制作方法

❶ 杏鲍菇洗净、切小丁；洋葱切碎，备用。

❷ 取炒锅，加入食用油烧热，放入猪肉泥与杏鲍菇丁，以中火先炒香，再加入洋葱碎，以中火翻炒均匀。

❸ 加入其余调味料，炒匀。

❹ 最后加入葱花即可。

干煸杏鲍菇

材料

杏鲍菇120克

调味料

橄榄油适量，蒜末10克，胡椒盐、孜然粉各少许

制作方法

❶ 杏鲍菇洗净，直切成长片，备用。

❷ 热锅，倒入橄榄油，放入杏鲍菇片，以小火煎至两面焦香。

❸ 续加入蒜末炒香后，撒入胡椒盐及孜然粉，以小火炒匀即可。

牛肉炒杏鲍菇

材料

杏鲍菇3个，牛肉150克，四季豆50克，红椒1个

调味料

盐少许，黑胡椒少许，食用油、综合香料、奶油各适量，蒜2瓣

制作方法

❶ 杏鲍菇洗净、切块；牛肉洗净切成块状；蒜去皮，与红椒皆洗净切片；四季豆去老筋，洗净切斜段，备用。

❷ 取炒锅，倒入食用油烧热，再加入牛肉块与杏鲍菇块，以中火将每一面煎至上色后盛起备用。

❸ 锅中留底油，放入蒜片与红椒片，以中火爆香，再放入四季豆炒香；最后加入其余调味料和已煎好的杏鲍菇块及牛肉块，拌炒均匀即可。

松露酱炒杏鲍菇

材料

杏鲍菇150克

调味料

橄榄油2大匙，蒜末10克，白葡萄酒、盐各适量，松露酱30克

制作方法

❶ 杏鲍菇洗净切块备用。

❷ 热锅，倒入橄榄油，放入蒜末，以小火爆香。

❸ 放入杏鲍菇煎至香味出来，加入松露酱、盐及白葡萄酒，以小火炒匀即可。

玉米烧鲜香菇

材料

鲜香菇150克，玉米100克，红椒1/4个，小里脊肉50克

调味料

酱油、米酒各适量，姜泥10克，食用油、淀粉各适量，味淋1大匙

制作方法

❶ 所有调味料（除淀粉外）混合均匀；红椒洗净切片；香菇洗净，切块；玉米洗净切片状，备用。

❷ 小里脊肉洗净，切薄片，放入做法1混合的调味料中腌约10分钟，取出沥干，沾上薄薄的淀粉备用。

❸ 热锅，倒入适量的油，再放入小里脊肉、鲜香菇、玉米片煎至两面上色，放入腌肉的酱汁炒至充分入味，加入红椒片炒匀即可。

红椒炒鲜香菇

材料

鲜香菇200克，红椒2个

调味料

盐少许，葱3根，蒜5瓣，食用油、淀粉各适量

制作方法

❶ 鲜香菇切小块后泡水约1分钟，洗净略沥干；葱、红椒、蒜切碎，备用。

❷ 热油锅至五六成热时，香菇撒上淀粉拍匀，放入油锅中，以大火炸约1分钟至表皮酥脆立即起锅，沥干油备用。

❸ 锅中留少许油，放入葱碎、蒜碎、红椒碎以小火爆香，放入香菇、盐，以大火翻炒均匀即可。

香菇嫩鸡片

材料

鲜香菇5朵，鸡胸肉1块，红椒1个

调味料

淀粉、香油、盐、白胡椒粉、米酒各少许，食用油适量，蒜2瓣，葱2根

制作方法

❶ 先将鲜香菇去蒂，洗净再切成片状；蒜、红椒、葱都洗净切成片状，备用。

❷ 鸡胸肉洗净切小片状，放入淀粉、米酒一起抓拌均匀，再放入滚水中汆烫，备用。

❸ 取炒锅，先加入食用油烧热，加入做法1、做法2的材料，以中火先爆香；再加入盐、白胡椒粉一起翻炒均匀，炒至略收汤汁，淋入香油即可。

葱爆香菇

材料

鲜香菇　150克
葱　100克

调味料

甜面酱　适量
酱油　适量
蚝油　适量
味淋　适量
水　适量
食用油　适量

制作方法

❶ 鲜香菇洗净，表面划刀，切块状；葱洗净切5厘米长段；除食用油外的所有调味料混合均匀，备用。
❷ 热锅，倒入适量食用油，放入鲜香菇煎至表面上色后取出，再放入葱段炒香后取出，备用。
❸ 将混合的调味料倒入锅中煮沸，最后放入香菇充分炒至入味，再放入葱段炒匀即可。

香菇炒黄花菜

材料

鲜香菇30克，黄花菜200克，枸杞子少许，姜丝10克

调味料

盐、鸡精、食用油、米酒各少许

制作方法

❶ 黄花菜去蒂头浸泡、洗净，放入沸水中焯烫一下后捞出，泡冰水备用。
❷ 鲜香菇洗净切丝；枸杞子洗净，备用。
❸ 热锅，加入油，爆香姜丝、鲜香菇，放入黄花菜、枸杞子、其余调味料，以大火拌炒入味即可。

糖醋香菇

材料

鲜香菇200克，红椒50克，黄甜椒50克，洋葱40克

调味料

白醋、食用油、淀粉、番茄酱、白糖各适量，水淀粉、香油各少许

制作方法

❶ 鲜香菇泡水约1分钟后洗净略沥干；红椒、黄甜椒及洋葱洗净，切小条，备用。

❷ 热油锅至五六成热，鲜香菇沾上淀粉，放入油锅中，以大火炸约1分钟至表皮酥脆，立即起锅沥油。

❸ 锅中留少许油，以小火爆香洋葱及红椒、黄甜椒条，再加入白醋、番茄酱、水及白糖，以小火煮至沸腾。

❹ 加入水淀粉勾薄芡，再放入香菇快速翻炒均匀，洒上香油即可。

油醋双菇

材料

鲜香菇150克，口蘑100克，蒜末10克，洋葱末10克，西芹末适量

调味料

盐、食用油、橄榄油、白醋、黑胡椒粒各少许

制作方法

❶ 先将鲜香菇、口蘑洗净切块，备用。

❷ 热锅，加入少量食用油后，放入鲜香菇块、口蘑块，以小火慢煎至熟透。

❸ 最后放入蒜末、洋葱末，再加入其余调味料拌匀，撒上西芹末即可。

松茸菇炒芦笋

材料

松茸菇100克，芦笋120克，红椒1个，猪肉丝80克

调味料

盐少许，食用油适量，白胡椒粉少许，蒜2瓣，香油少许

腌料

米酒、香油、酱油、淀粉各适量

制作方法

1. 将松茸菇去蒂，切成小段后洗净；芦笋去除粗丝、切片；蒜、红椒皆洗净切片，备用。
2. 猪肉丝与所有腌料拌匀，腌渍约10分钟，备用。
3. 取炒锅，倒入食用油烧热，加入腌好的猪肉丝，以中火先炒香，再加入蒜片、红椒片、松茸菇、芦笋炒匀。
4. 续加入其余调味料翻炒均匀，且汤汁略收即可。

松茸菇炒西蓝花

材料

松茸菇100克，西蓝花200克，胡萝卜片20克

调味料

盐少许，蒜末10克，食用油适量，白糖、香油、鸡精各少许

制作方法

1. 西蓝花切小朵、洗净；松茸菇去头洗净备用。
2. 西蓝花放入沸水中，再放入胡萝卜片焯烫一下；接着放入松茸菇一起焯烫后，全部捞起备用。
3. 热锅，放入食用油，爆香蒜末，再放入焯烫的西蓝花、胡萝卜片、松茸菇，加入30毫升热水、其他调味料，以中火拌炒均匀至入味即可。

菠菜炒金针菇

材料

菠菜	150克
金针菇	150克

调味料

盐	适量
食用油	适量
葱	1根

制作方法

1. 金针菇切去根部后洗净备用。
2. 菠菜洗净，切段；葱洗净切小段，备用。
3. 热锅，倒入食用油烧热后，先放入葱段爆香，再加入菠菜、金针菇以中火快炒均匀。
4. 续加入适量水和盐，一起拌炒至汤汁略收干即可。

红椒松茸菇

材料

松茸菇300克，红椒、黄甜椒各1/2个

调味料

盐、橄榄油各少许

制作方法

1. 松茸菇去根部后洗净，备用。
2. 将黄甜椒、红椒洗净后分别切长条。
3. 取一炒锅，放橄榄油烧热后，加入松茸菇、黄甜椒、红椒及盐，拌炒均匀即可盛盘。

糖醋金针菇

材料

金针菇200克，洋葱1/2个，蟹味棒5条，黑木耳6朵

调味料

盐少许，黑胡椒粉少许，奶油、食用油、白醋、白糖各少许，蒜3瓣，葱1根

制作方法

1. 金针菇去根部、洗净后切小段；洋葱洗净切丝；蟹味棒斜切成长条；黑木耳洗净泡水至软，切长条；葱与蒜都洗净，切成片状，备用。
2. 取炒锅，先加入食用油烧热，加葱和蒜片爆香，再加入洋葱丝以中火炒香。
3. 接着加入黑木耳、金针菇、蟹味棒与其余调味料，以大火翻炒均匀即可。

松子仁拌口蘑

材料

口蘑100克，红椒50克，黄甜椒50克，松子仁适量

调味料

盐、黑胡椒粉、香油各少许，姜末10克，米酒50毫升

制作方法

1. 将红椒、黄甜椒洗净去蒂后切片，放入滚水中焯烫1分钟，再沥干备用。
2. 口蘑洗净后对切，放入滚水中焯烫1分钟，再沥干备用。
3. 热锅，倒入香油，爆香姜末，放入焯烫的红椒、黄甜椒片，再放入口蘑与米酒翻炒均匀。
4. 最后放入松子仁、盐、黑胡椒粉拌匀即可。

香蒜奶油口蘑

材料

口蘑80克，红椒60克，黄甜椒40克，西芹末适量

调味料

无盐奶油适量，蒜片15克，盐少许，白葡萄酒适量

制作方法

❶ 口蘑洗净切片；红椒、黄甜椒洗净切斜片，备用。

❷ 热锅，放入奶油，再放入蒜片，以小火炒香蒜片。

❸ 加入口蘑片略煎香后，再加入红椒、黄甜椒炒匀，最后加入盐及白葡萄酒一起翻炒均匀，撒上新鲜西芹末即可。

口蘑炒虾仁

材料

口蘑150克，虾仁100克，红椒1个

调味料

蒜2瓣，葱2根，香油少许，食用油、米酒、酱油、盐、白胡椒粉各少许

制作方法

❶ 口蘑洗净，切成小块状；虾仁洗净，挑去泥肠；蒜、红椒皆洗净切片；葱洗净切段，备用。

❷ 取炒锅，加入食用油烧热，放入口蘑以中火先炒香，再加入蒜片、红椒片、葱段一起翻炒均匀。

❸ 最后加入虾仁和剩余调味料，翻炒均匀即可。

腊肠炒口蘑

材料

口蘑80克，腊肠150克，蒜苗50克，红椒1个

调味料

盐、白糖、食用油、米酒、香油各少许

制作方法

❶ 腊肠放入蒸锅中，以大火蒸约10分钟至熟，取出切薄片备用。

❷ 口蘑洗净切片；蒜苗洗净切斜片；红椒洗净去籽切片，备用。

❸ 热锅，倒入少许食用油，以小火爆香红椒片后，加入腊肠片略煸炒约10秒；加入口蘑片、蒜苗片及盐、白糖、米酒、水，以大火快炒约30秒，洒上香油即可。

腐乳口蘑煲

材料

口蘑160克，鲜香菇100克，猪后腿肉200克，洋葱1/2个，蒜2瓣，红椒1个，葱段适量

调味料

食用油适量，腐乳1块，白糖、辣豆瓣酱、盐、黑胡椒粉、香油、酱油、盐、白胡椒粉、淀粉各少许

制作方法

❶ 将口蘑和鲜香菇洗净、对切；洋葱洗净切小片；蒜与红椒皆洗净切片，备用。

❷ 猪后腿肉洗净切片，放入香油、酱油、盐、白胡椒粉、淀粉抓拌均匀，腌渍约15分钟，再放入油锅中，稍微过油，捞起沥油备用。

❸ 取炒锅，倒入食用油烧热，加入洋葱、蒜片、红椒以中火先爆香，再加入过油的猪后腿肉片翻炒均匀。

❹ 加入其余调味料拌炒均匀，改中火略煮至收汁，最后撒上葱段拌匀即可。

香菜草菇

材料

草菇150克，红椒丝10克，香菜30克

调味料

蚝油、香油、米酒、白糖各少许，姜丝10克

制作方法

❶ 香菜洗净切段；草菇洗净，头划十字，备用。

❷ 热锅，倒入香油，加入姜丝、红椒丝炒香，再放入草菇煎至上色。

❸ 加入蚝油、米酒、白糖拌炒入味，起锅前加入香菜段炒匀即可。

韭菜烧三菇

材料

松茸菇100克，金针菇50克，珊瑚菇50克，绿豆芽100克，洋葱末30克，韭菜2棵，熟白芝麻适量

调味料

食用油适量，蒜末5克，豆瓣酱、酱油、味淋、米酒、白糖各适量

制作方法

❶ 所有调味料（除食用油、蒜末外）加100毫升水混合均匀；韭菜洗净切段；绿豆芽洗净；熟白芝麻磨碎，备用。

❷ 热锅，倒入适量食用油，放入洋葱末、蒜末炒香，加入所有洗净的菇类、韭菜段、绿豆芽及混合调好的调味料炒匀，煮至沸腾。

❸ 略收汁，最后撒上熟白芝麻碎即可。

竹笋炒鲜香菇

材料

鲜香菇100克，竹笋50克，胡萝卜片20克

调味料

黄豆酱、破布子、白糖各少许，食用油适量，姜片10克，葱段少许

制作方法

❶ 鲜香菇、竹笋洗净切片，放入滚水中焯烫，备用。

❷ 热锅，加入适量食用油，放入葱段、姜片、胡萝卜片炒香，再加入焯好的鲜香菇片、竹笋片及其余调味料，快炒均匀即可。

沙茶酱炒什锦菇

材料

杏鲍菇30克，鲜香菇30克，草菇30克，白玉菇30克，芦笋30克，胡萝卜30克，上海青50克，玉米笋30克，西蓝花30克

调味料

食用油适量，沙茶酱、香菇粉、盐、香油各少许

制作方法

❶ 将西蓝花洗净，掰成小朵；胡萝卜及所有菇类洗净切片；其余材料洗净切段，均放入沸水中汆熟，捞起备用。

❷ 热锅，倒入适量食用油烧热，放入沙茶酱炒香，再放入所有材料拌炒均匀。

❸ 加入香菇粉、盐调味，起锅时淋上香油即可。

法式口蘑

材料

口蘑160克，小豆苗少许

调味料

蒜2瓣，干葱2根，西芹末5克，橄榄油20毫升，盐适量，白胡椒粉适量

制作方法

❶ 口蘑洗净切小块；蒜去皮，与干葱一同切末，备用。

❷ 热锅，加入20毫升橄榄油、蒜末、干葱末炒香。

❸ 再加切好的口蘑块，加盐、白胡椒粉拌匀，最后关火加入西芹末拌匀，盛盘并以小豆苗装饰即可。

香菇炒鸡柳

材料

鸡腿200克，鲜香菇150克，蒜苗少许

调味料

食用油适量，盐、姜末、白糖各少许

腌料

盐、淀粉、米酒、胡椒粉、白糖各少许

制作方法

❶ 去骨鸡腿肉洗净切成条状，加入所有腌料，腌渍15分钟。

❷ 鲜香菇去蒂后洗净，切成条状；蒜苗切片，洗净后备用。

❸ 取锅加入油烧热，放入腌好的鸡柳炸2分钟，捞起过油沥干，并将油倒出。

❹ 锅内留少许底油，放入姜末、蒜苗略炒，再加入鲜香菇条，以小火炒至软；加入其余调味料，再放入炸过的鸡柳，以大火快炒1分钟即可。

蚝油鲍鱼菇

材料

鲍鱼菇120克，上海青4棵，姜末10克

调味料

A.高汤80毫升，蚝油、白胡椒粉、绍兴酒各少许
B.盐少许，水淀粉、香油各少许
C.食用油适量

制作方法

❶ 鲍鱼菇洗净切斜片；上海青洗净去尾段后剖成四瓣，备用。
❷ 烧一锅水，将鲍鱼菇及上海青分别入锅焯烫约5秒后冲凉，沥干备用。
❸ 热锅，放入少许食用油，将上海青下锅，加入盐炒匀后起锅，围在盘上装饰备用。
❹ 另热锅，倒入食用油，以小火爆香姜末，放入焯烫的鲍鱼菇及调味料A，以小火略煮约半分钟后；加盐，以水淀粉勾芡，洒上香油，拌匀后盛入盘中即可。

香蒜黑珍珠菇

材料

黑珍珠菇150克，培根2片，蒜苗2根

调味料

盐适量，鸡精、食用油各适量，蒜片5克

制作方法

❶ 蒜苗洗净切斜长片； 培根切小片；黑珍珠菇洗净备用。
❷ 热锅，倒入少许油，放入蒜片炒香，再放入培根炒出油。
❸ 放入黑珍珠菇、蒜苗片炒匀，再以盐、鸡精调味即可。

素蟹黄黑珍珠菇

材料

胡萝卜1个，黑珍珠菇100克

调味料

A.高汤200毫升，盐、白胡椒粉、水淀粉各少许

B.姜末5克，盐少许，食用油适量

制作方法

❶ 胡萝卜洗净，用汤匙刮出碎屑约100克备用。

❷ 热锅，倒入少许食用油，将黑珍珠菇下锅，加入调味料B的盐及50毫升高汤，炒约30秒后取出沥干装盘。

❸ 另热锅，倒入适量食用油，将胡萝卜屑入锅，以微火慢炒，炒约4分钟至食用油变橘红色、胡萝卜软化成泥状。

❹ 另加入姜末炒香，再加入150毫升高汤、盐、白胡椒粉，以小火煮约1分钟后，用水淀粉勾薄芡，淋至黑珍珠菇上即可。

茶树菇炒鸡柳

材料

茶树菇80克，鸡胸肉100克，姜丝5克，葱段10克，红椒丝45克

调味料

A.淀粉、米酒各少许

B.盐、白糖、米酒、水淀粉、香油各少许

C.食用油适量

制作方法

❶ 鸡胸肉洗净切条状，用调味料A抓匀腌渍2分钟后，与洗净的茶树菇一起焯烫约20秒，捞起沥干备用。

❷ 热锅，倒入油，以小火爆香葱段、姜丝、红椒丝，放入鸡柳及茶树菇，以大火快炒几下后加入调味料B的盐、白糖、米酒及少许水。

❸ 略炒几下后以水淀粉勾芡，最后淋上香油即可。

白玉菇炒芦笋

材料

白玉菇120克，芦笋60克，胡萝卜25克，黑木耳20克，红椒圈10克

调味料

盐、鸡精、米酒各少许，蒜片10克，食用油适量

制作方法

1. 白玉菇洗净去蒂头；胡萝卜洗净切片；黑木耳泡发后撕小片；芦笋洗净切段备用。
2. 将胡萝卜片、黑木耳片放入沸水中焯烫后备用。
3. 热锅加入油，放入蒜片、红椒圈爆香，再加入白玉菇炒约1分钟。
4. 最后放入焯烫的胡萝卜片、黑木耳片及芦笋段，再加入其余调味料拌匀至入味。

沙茶酱炒白灵菇

材料

白灵菇150克，西芹100克，红椒40克

调味料

蒜片10克，沙茶酱1大匙，盐1/4小匙，米酒1大匙，白糖少许，食用油适量

制作方法

1. 将白灵菇洗净切段；西芹、红椒洗净切片备用。
2. 热锅加入油，放入蒜片爆香，续放入白灵菇段拌炒。
3. 最后放入西芹片、红椒片和剩余调味料，拌炒入味即可。

枸杞子炒菇丁

材料

杏鲍菇50克，鲜香菇50克，白灵菇100克，枸杞子10克

调味料

盐1/2小匙，白糖1/2小匙，白胡椒粉1/4小匙，米酒2大匙，葱末50克，蒜末5克，食用油适量

制作方法

❶ 枸杞子泡水1分钟后沥干；杏鲍菇、鲜香菇、白灵菇洗净切丁，备用。

❷ 热锅，倒入食用油，加入蒜末及葱末，以小火炒香。

❸ 加入切好的菇丁及枸杞子一起炒匀，再加入剩余调味料及适量水调味，以中火炒至水分收干即可。

玉米笋炒三菇

材料

鲜香菇50克，松茸菇40克，秀珍菇40克，玉米笋100克，荷兰豆40克，胡萝卜20克

调味料

盐1/4小匙，蒜片10克，米酒1小匙，鸡精少许，香油少许，食用油适量

制作方法

❶ 玉米笋切段后放入滚水中焯烫一下；鲜香菇洗净切片；松茸菇洗净去蒂头，荷兰豆洗净，去蒂及两侧粗丝；胡萝卜洗净去皮切片，备用。

❷ 热锅，倒入适量食用油，放入蒜片爆香，加入所有菇类与胡萝卜片炒匀。

❸ 加入荷兰豆及玉米笋炒匀，加入剩余调味料炒至入味即可。

02

凉拌

烹调简单的凉拌菜，常常成为百姓餐桌上一道备受欢迎的菜肴。口味清新的瓜果、营养丰富的菌菇，尤其适合做成凉拌菜，而且最能保持食材的原味鲜味。还有时尚一族喜爱的蔬果沙拉，也有多种多样的搭配方式。本章将为您介绍菌类凉拌菜的多种制作方法，相信您一学就会！

黄瓜拌黑木耳

材料

黄瓜100克，黑木耳15克，红椒少许

调味料

盐、白醋、蒜蓉各适量

制作方法

1. 黄瓜洗净，切长条形盛盘；黑木耳洗净，泡发撕小片；红椒洗净，切丝。
2. 锅注水烧开，下黑木耳焯熟后捞出，放入盘中。
3. 调入盐、白醋、蒜蓉拌匀，撒上红椒丝即可。

苦瓜拌黑木耳

材料

黑木耳150克，苦瓜100克，黄瓜、番茄、腰果各适量

调味料

盐3克，辣椒油15毫升

制作方法

1. 黑木耳洗净，泡发撕片；番茄洗净切块；苦瓜去瓤，洗净切片；黄瓜洗净切片；腰果洗净备用。
2. 热锅加水烧沸，下黑木耳、苦瓜、腰果焯熟，控水，将黑木耳、苦瓜入盘，再放入番茄、黄瓜。
3. 加盐、辣椒油拌匀，撒上腰果即可。

爽口黑木耳

材料

黑木耳60克，香菜少许

调味料

盐、鸡精各3克

制作方法

1. 黑木耳洗净泡发，撕成小片；香菜洗净，切段。
2. 将锅中的水烧开，下黑木耳焯透，捞出，沥干水分后盛入碗中。
3. 加盐、鸡精拌匀，撒上香菜即可。

白菜拌黑木耳

材料

黑木耳30克，大白菜20克

调味料

盐3克，白醋4毫升

制作方法

1. 黑木耳洗净，泡发撕片；大白菜洗净，取其梗，切菱形片。
2. 锅中入水烧沸，下黑木耳、大白菜稍焯，捞起沥水，装入盘中。
3. 调入盐、白醋拌匀即可食用。

双椒拌双耳

材料

黑木耳、银耳各25克，红椒、青椒各少许

调味料

盐、白醋各适量

制作方法

1. 黑木耳、银耳均洗净，泡发撕片；红椒、青椒均洗净，切圈。
2. 锅入水烧沸，下黑木耳、银耳焯熟，捞出，沥干水分后入盘。
3. 加盐、白醋拌匀，分色摆盘，撒上红椒圈、青椒圈即可。

冰镇黑木耳

材料

黑木耳40克，冰块适量

调味料

盐、芝麻酱各少许

制作方法

1. 黑木耳洗净，泡发撕片。
2. 锅入水烧开，入黑木耳焯烫6分钟，捞出沥水，入盘，再放入冰块。
3. 取小碗，拌入盐、芝麻酱，蘸食即可。

核桃拌黑木耳

材料

黑木耳20克，红椒、核桃、马齿苋、熟白芝麻各适量

调味料

盐2克，酱油2毫升

制作方法

1. 黑木耳洗净泡发，撕成小朵；红椒洗净切丝；核桃去壳，取肉备用；马齿苋洗净，切段。
2. 热锅入水烧开，下黑木耳焯熟，捞出沥水，入盘。
3. 加盐、酱油拌匀，放入核桃仁，撒上马齿苋、红椒丝、熟白芝麻即可。

红椒拌黑木耳

材料

黑木耳30克，干红椒、红椒各适量

调味料

盐3克，食用油少许

制作方法

1. 黑木耳洗净，泡发撕片；红椒去蒂，洗净切丝；干红椒洗净切段。
2. 热锅入水烧开，下黑木耳焯一会，捞出沥水，入盘。
3. 热锅入少许食用油，加入干红椒段炸香，连油淋在黑木耳上。
4. 加盐拌匀，撒上红椒丝即可。

陈醋拌黑木耳

材料

黑木耳40克，熟白芝麻少许

调味料

盐、陈醋各适量

制作方法

❶ 黑木耳洗净，泡发撕片。

❷ 热锅注水烧开，入黑木耳焯5分钟，捞出沥干水分，入盘。

❸ 加盐、陈醋拌匀，撒上熟白芝麻即可。

风味黑木耳

材料

黑木耳50克，红椒、香菜各少许

调味料

盐3克，味精2克

制作方法

❶ 黑木耳洗净，泡发撕小片；红椒去蒂，洗净切丝；香菜洗净切段。

❷ 锅注水烧沸，放入黑木耳焯透，捞出，控水，入盘。

❸ 加盐、味精拌匀，撒上红椒丝、香菜段即可。

黑木耳魔芋丝

材料

黑木耳　15克
魔芋丝　100克
香菜　适量

调味料

盐　3克
芥末粉　适量

制作方法

1. 黑木耳洗净泡发，撕成小片；魔芋丝洗净；香菜洗净、切段。
2. 热锅注水烧开，放入黑木耳、魔芋丝焯至熟，捞出，沥水。
3. 放入魔芋丝后撒上香菜，放入黑木耳，调入盐、芥末粉拌匀即成。

醋拌黑木耳

材料

黑木耳200克，红椒、青椒各适量，香菜少许

调味料

盐3克，白醋15毫升，葱白少许

制作方法

1. 黑木耳洗净，泡发撕片；红椒、青椒均洗净切片；香菜洗净，切段；葱白洗净，切斜段。
2. 净锅注水烧沸，下黑木耳焯一会，捞出入盘。
3. 调入盐、白醋拌匀，撒上红椒片、青椒片、葱白和香菜即可。

菊花黑木耳

材料

黑木耳30克，菊花瓣、红椒各少许

调味料

盐3克，白醋5毫升

制作方法

1. 黑木耳洗净，泡发撕片；红椒洗净，切圈；菊花瓣洗净。
2. 热锅入水烧沸，下黑木耳焯一会，捞起，控水，入盘。
3. 加盐、白醋拌匀，撒上红椒圈、菊花瓣即可。

四季豆拌黑木耳

材料

黑木耳20克，四季豆、红椒、银耳各适量

调味料

盐3克

制作方法

1. 黑木耳、银耳均洗净，泡发撕片；四季豆去老筋，洗净切菱形段；红椒洗净切圈。
2. 锅中入水烧沸，分别下黑木耳、四季豆、银耳焯熟，捞出沥水。
3. 加盐拌匀，入盘，撒上四季豆、银耳、红椒圈即成。

双椒小黑木耳

材料

小黑木耳20克，红椒、青椒各少许

调味料

盐2克，酱油3毫升，葱适量

制作方法

1. 小黑木耳洗净泡发，撕成小片；红椒、青椒均洗净，切圈；葱洗净切段。
2. 热锅注水烧开，放入小黑木耳焯一会，捞出，控水，入盘。
3. 加盐、酱油拌匀，撒上红椒、青椒圈和葱段即可。

酸辣黑木耳

材料

水发黑木耳200克，青椒、红椒、香菜各适量

调味料

盐、白醋、辣椒油、姜、蒜各适量

制作方法

1. 将黑木耳洗净，撕成小朵，再入沸水中焯至熟后，装盘。
2. 将青椒、红椒洗净，切菱形片；香菜洗净，切段；姜、蒜均去皮，切末。
3. 将青椒、红椒摆盘，香菜、姜末、蒜末、盐、白醋和辣椒油一起拌匀，淋在黑木耳上即可。

五味酱拌香菇

材料

鲜香菇 10朵
蟹腿肉 50克
胡萝卜 50克

调味料

五味酱 2大匙
葱　　 1根

制作方法

1. 将葱洗净切葱花；胡萝卜洗净切片状；鲜香菇洗净去蒂，切成小片状，备用。
2. 鲜香菇片放入滚水中，焯烫至熟，捞起沥干；再将蟹腿肉、胡萝卜片放入滚水中，略为汆熟后捞起，备用。
3. 取容器，加入做法2的材料和葱花，拌匀后淋上五味酱，即可食用。

虫草花拌金针菇

材料

虫草花100克，金针菇30克，包菜50克

调味料

盐3克

制作方法

1. 虫草花洗净；金针菇洗净；包菜洗净切细条形。
2. 锅入水烧开，下金针菇、虫草花焯熟，捞起沥水后，放入包菜微焯捞起，入盘。
3. 加盐拌匀，依次将包菜、金针菇、虫草花叠放整齐摆盘即成。

金针菇拌猪肚丝

材料

金针菇80克，猪肚150克，圣女果2个，香菜适量，红椒丝少许

调味料

盐3克，红油6毫升，白醋4毫升

制作方法

1. 金针菇洗净；猪肚洗净，切丝；圣女果洗净；香菜洗净切段。
2. 锅入水烧开，下猪肚煮至熟，再放入金针菇焯熟，依次捞出，沥干水分，放入盘中。
3. 加盐、白醋、红油拌匀，撒上香菜和红椒丝，放上圣女果装饰即可。

红椒拌金针菇

材料

金针菇500克，红椒50克，香菜适量

调味料

盐4克，味精2克，酱油、香油各适量

制作方法

1. 金针菇洗净，去须根；红椒洗净，切丝备用。
2. 将备好的材料放入开水中稍焯，捞出，沥干水分，放入容器中。
3. 往容器里加盐、味精、酱油、香油搅拌均匀，装盘，撒上香菜即可。

雪里蕻拌金针菇

材料

金针菇100克，雪里蕻50克，香油、香菜各适量

调味料

盐、白醋各适量

制作方法

1. 金针菇洗净；雪里蕻洗净，切末；香菜洗净切段。
2. 锅入水烧开，下入金针菇、雪里蕻焯熟，捞出入盘。
3. 加盐、白醋、香油拌匀，撒上香菜段即成。

四蔬拌金针菇

材料

金针菇200克，黄瓜、胡萝卜、白萝卜、黄花菜各50克

调味料

盐3克，味精1克，白醋8毫升，酱油10毫升

制作方法

1. 金针菇洗净；黄瓜、胡萝卜、白萝卜洗净，切丝；黄花菜洗净，用沸水焯过后待用。
2. 锅内注水烧沸，放入金针菇焯熟后，捞起晾干并放入盘中；再放入黄瓜丝、胡萝卜丝、白萝卜丝、黄花菜。
3. 加入盐、味精、白醋、酱油拌匀即可。

荷兰豆拌金针菇

材料

金针菇200克，荷兰豆100克，青椒、红椒各50克

调味料

盐3克，白醋5毫升

制作方法

1. 金针菇洗净；荷兰豆洗净，切成细丝；红椒、青椒均洗净，切丝。
2. 锅入水烧开，下金针菇、荷兰豆焯熟，捞出沥水后入盘。
3. 加盐、白醋拌匀，撒上红椒丝、青椒丝即可。

草头干拌金针菇

材料

金针菇100克，草头干150克，红椒少许

调味料

盐、味精各2克

制作方法

1. 金针菇洗净；草头干洗净切段；红椒洗净切块。
2. 锅注水烧开，下入金针菇、草头干焯熟，捞出控水后入盘。
3. 加盐、味精拌匀，撒上红椒块即可。

青椒拌双菇

材料

金针菇、白灵菇各70克，青椒100克，红椒少许

调味料

盐、鸡精各适量

制作方法

1. 金针菇洗净；白灵菇洗净，泡发切丝；青椒洗净切丝；红椒洗净切大圈。
2. 锅入水烧开，下入白灵菇、金针菇焯熟，捞出沥水入盘；下青椒丝微焯，捞出入盘。
3. 加盐、鸡精拌匀，用红椒圈装饰即可。

葱花拌金针菇

材料

金针菇300克，红椒20克

调味料

盐5克，葱花10克，香油少许，白醋10毫升，味精少许

制作方法

1. 金针菇洗净；红椒洗净，切成丝状。
2. 将金针菇放入沸水中焯至断生，捞出，晾凉，沥干后盛盘。
3. 盘中加入红椒丝、葱花、盐、香油、白醋、味精，拌匀即可。

金针菇拌龙须菜

材料

金针菇150克，龙须菜300克，胡萝卜15克，黑木耳15克

调味料

蚝油、盐、鸡精、香油、食用油、蒜末、色拉油各适量，高汤50毫升

制作方法

1. 龙须菜挑取前端嫩的部分洗净；金针菇洗净沥干，去根部后切段；胡萝卜去皮后切丝；黑木耳洗净沥干切丝备用。
2. 取一深锅，倒入1200毫升的水煮至滚沸后，加少许盐、香油（皆分量外）及龙须菜焯烫至熟，捞出沥干，摆盘备用。
3. 热锅，倒入食用油烧热，爆香蒜末后，加入金针菇段及蚝油，以中火略拌炒；再加入胡萝卜丝、黑木耳丝、盐、鸡精、高汤煮滚，最后滴入香油拌匀；将其放在做法2的盘中，食用前拌匀即可。

凉拌白灵菇

材料

白灵菇80克，红椒、青椒、大白菜各适量

调味料

盐3克，味精2克

制作方法

1. 白灵菇洗净，切成细条；红椒、青椒均洗净，切丝；大白菜洗净，铺于盘中。
2. 锅中注水烧开，下白灵菇焯一会，捞出沥水，与红椒丝、青椒丝一同放入碗内。
3. 加盐、味精拌匀后，倒入盘中即可。

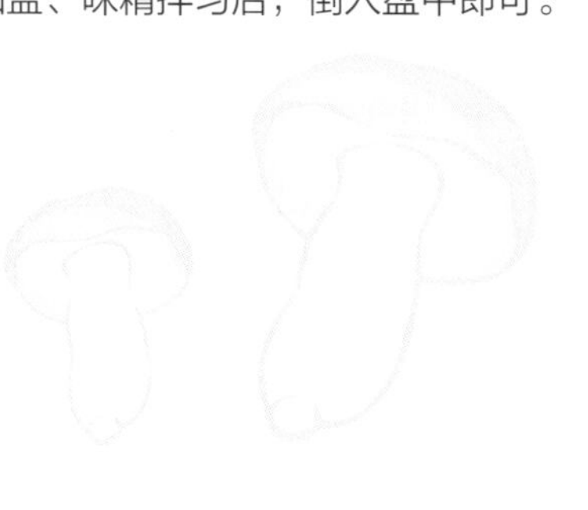

拌金针菇

材料

金针菇40克，红椒少许，香菜适量

调味料

盐3克，香油5毫升

制作方法

1. 金针菇洗净切去根；红椒去蒂，洗净切丝；香菜洗净切段。
2. 锅入水烧开，下金针菇焯熟，捞起，入盘，再放入红椒丝和香菜。
3. 加盐、香油拌匀，即可食用。

双椒拌金针菇

材料

金针菇150克，红椒、青椒各100克

调味料

盐、鸡精、白醋各适量

制作方法

1. 金针菇洗净去须根；红椒、青椒均洗净，切成细条。
2. 锅注水烧沸，下金针菇焯熟，捞出沥水后入盘，再放入青椒条、红椒条。
3. 加盐、鸡精、白醋拌匀，即可食用。

金针菇拌核桃花

材料

核桃花250克，金针菇70克，香菜少许

调味料

盐3克，酱油4毫升

制作方法

1. 核桃花洗净，切段；金针菇洗净；香菜洗净切段。
2. 锅入水烧开后，下核桃花、金针菇焯至熟，捞出控水，放入盘中。
3. 加盐、酱油拌匀，撒上香菜即可。

凉拌三丝金针菇

材料

金针菇300克，胡萝卜50克，西芹2根，红椒1个

调味料

鸡精少许，盐少许，白胡椒粉少许，香油1大匙，蒜2瓣

制作方法

1. 将金针菇去须根洗净，放入滚水中焯烫，再沥干水分，备用。
2. 胡萝卜、西芹、红椒皆洗净切丝，再放入滚水中焯烫，备用。
3. 蒜去皮切碎，备用。
4. 取一容器，加入全部处理好的材料与所有调味料、适量水，搅拌均匀即可。

肉丝拌金针菇

材料

金针菇100克，猪肉丝50克，胡萝卜丝40克，芹菜60克

调味料

A.米酒1大匙，蛋清1大匙，淀粉1小匙，水1大匙

B.盐1/2小匙，白糖1大匙，白醋1大匙，蒜末10克，辣椒油3大匙

制作方法

1. 猪肉丝加入调味料A抓匀；芹菜洗净切小段，与金针菇、胡萝卜丝入开水焯烫10秒后捞出，以凉开水泡凉后沥干，备用。
2. 将做法1的所有材料放入碗中，加入调味料B拌匀即可。

葱油拌香菇

材料

鲜香菇150克，胡萝卜50克，香油1/2小匙

调味料

葱1根，食用油2大匙，盐1/2小匙，白糖1/4小匙

制作方法

1. 鲜香菇洗净去蒂头；胡萝卜洗净去皮切片，备用。
2. 煮一锅滚沸的水，分别将香菇和胡萝卜片焯烫熟透后捞起，过冷水，备用。
3. 香菇以斜刀片成两半；葱洗净切细末，置碗内，备用。
4. 热锅，将食用油烧热，冲入葱末中，再加入其他调味料，拌匀成酱汁。
5. 将胡萝卜片、香菇片及调好的酱汁一起拌匀即可。

凉拌什锦菇

材料

茶树菇80克，金针菇80克，秀珍菇80克，珊瑚菇80克，杏鲍菇60克，红椒30克，黄甜椒30克，香菜少许

调味料

盐1/4小匙，姜末10克，香菇粉1/4小匙，白糖1/2小匙，胡椒粉少许，香油1大匙，素蚝油1小匙

制作方法

1. 所有菇类洗净沥干，将茶树菇、金针菇切段，杏鲍菇切片，珊瑚菇切小朵；红椒、黄甜椒洗净切长条，备用。
2. 取锅放入半锅水，煮沸后放入所有的菇焯烫约2分钟后捞出。
3. 将焯烫后的所有菇类及红椒条、黄甜椒条加入所有调味料，搅拌均匀至入味，用香菜装饰即可。

西蓝花拌舞菇

材料

西蓝花200克，舞菇130克，圣女果80克

调味料

香油1大匙，蒜片10克，盐1/4小匙，白糖少许

制作方法

1. 西蓝花切小朵后洗净；舞菇、圣女果洗净后切块。
2. 将切好的西蓝花、舞菇放入沸水中焯烫后捞出、沥干水分。
3. 将焯烫好的西蓝花和舞菇放入容器中，加入蒜片、圣女果和所有调味料，一起拌匀即可。

什锦菇沙拉

材料

白玉菇、茶树菇、鲜香菇、口蘑共150克，芦笋50克，番茄1个

调味料

A.酱油适量，七味粉适量
B.蛋黄酱适量，黄芥末适量

制作方法

1. 所有菇类洗净，放入沸水中焯烫约1分钟；芦笋洗净，放入沸水中焯烫30秒，备用。
2. 番茄去蒂底部划十字，放入沸水中焯烫一下，取出后去皮，切片状，备用。
3. 取盘先放入芦笋，再摆入烫好的所有菇类与番茄。
4. 取一小碟，加入调味料B，再倒入酱油，撒上七味粉，搭配做法3的材料食用即可。

意大利暖香菇沙拉

材料

鲜香菇10朵，红葱头2个，洋葱1/3个

调味料

盐少许，蒜2瓣，白胡椒粉少许，食用油适量，香油1小匙，红酒100毫升，百里香2根，奶油1小匙

制作方法

1. 鲜香菇洗净去蒂，切成小片状；蒜和红葱头洗净切片；洋葱洗净切成丝，备用。
2. 取一炒锅，加入食用油烧热，再加入蒜片及红葱头片、洋葱丝，以中火先炒香。
3. 续加入鲜香菇片和其余调味料炒匀，将材料拌炒至汤汁略收即可。

海带芽拌白玉菇

材料

白玉菇120克，海带芽适量，红椒丝10克

调味料

鲣鱼酱油2大匙，姜丝10克，味淋1大匙，白糖少许

制作方法

1. 先将白玉菇去蒂洗净。
2. 将白玉菇放入沸水中焯烫后捞起；再放入海带芽焯烫后捞起。
3. 白玉菇、海带芽中放入姜丝、红椒丝和剩余调味料拌匀即可。

白灵菇沙拉

材料

白灵菇130克，苹果1个， 蟹肉棒10根，芹菜2根，小黄瓜1个

调味料

香油1大匙，蒜末、盐各少许，黑胡椒粉少许， 香料少许

制作方法

1. 先将白灵菇洗净切段，再放入滚水中焯烫，捞起冰镇再沥干水分；苹果洗净、切片，备用。
2. 蟹肉棒洗净；芹菜洗净切小片；小黄瓜洗净切条。
3. 依序将蟹肉棒、芹菜片放入滚水中，汆烫至熟，再捞起沥干，备用。
4. 将所有调味料放入容器中搅拌均匀，再将白灵菇、苹果、蟹肉棒、芹菜片、小黄瓜等材料加入，混合拌匀即可盛盘。

03

汤、羹

汤羹是百姓餐桌上不可缺少的一道菜肴，四季皆有，老少咸宜。一碗精心制作的热汤，不仅可以让全家人享受到浓香醇厚的滋味，而且能成为全家人的保健菜肴。菌类含丰富的营养物质，不仅口感鲜美，而且能美容、抗衰老、防癌，是大众膳食的佳选，用这些食材来煲汤，在日常生活中十分常见，本章将为您一一介绍。

三菇冬瓜汤

材料

冬瓜100克，口蘑、平菇、香菇各25克，鲜汤500克

调味料

胡椒粉2克，味精3克，盐、姜片、葱末、香油各适量

制作方法

1. 将三种菇洗净，切成块；冬瓜去皮，洗净，切成片。
2. 锅置大火上，加入鲜汤烧开后，下冬瓜、三种菇煮片刻。
3. 最后下盐、味精、胡椒粉、姜片、葱花等调味料，淋上香油即可。

冰糖银耳南瓜汤

材料

南瓜200克，银耳50克，枸杞子、芹菜叶各少许

调味料

冰糖适量

制作方法

1. 南瓜去皮洗净，切片；银耳泡发洗净，撕成小片；枸杞子泡发洗净。
2. 将备好的材料放入锅中，添水煮熟，加入冰糖拌匀。
3. 待凉，放入冰箱冷藏片刻，用芹菜叶装饰即可食用。

银耳番茄汤

材料

银耳30克，番茄120克

调味料

冰糖适量

制作方法

1. 银耳用温水泡发，去杂洗净，撕成小片。
2. 番茄洗净切块；冰糖捣碎，备用。
3. 锅内加适量水，放入银耳、番茄块，大火烧沸，调入冰糖后，小火煮至银耳熟软即成。

雪梨银耳猪肺汤

材料

熟猪肺200克，木瓜30克，雪梨、枸杞子、水发银耳各10克

调味料

盐4克，白糖5克，葱花少许

制作方法

1. 将熟猪肺切方丁；木瓜、雪梨洗净去皮，切方丁；水发银耳洗净，撕成小朵备用。
2. 净锅上火倒入水，调入盐，下入熟猪肺、木瓜、雪梨、枸杞子、水发银耳煲至熟，调入白糖搅匀，撒上葱段即可。

腐竹黑木耳瘦肉汤

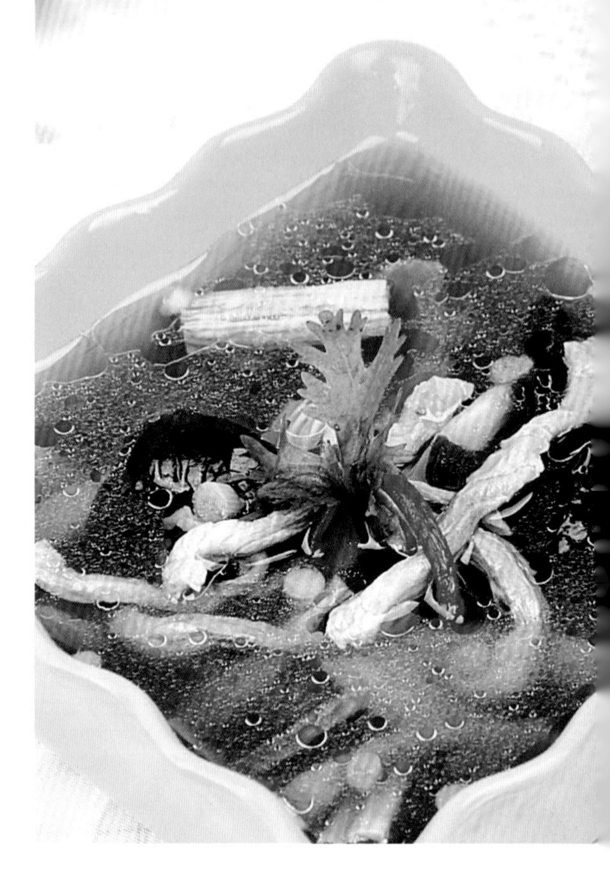

材料

猪瘦肉100克，腐竹50克，黑木耳30克，红椒丝、香菜叶各少许

调味料

食用油20毫升，盐、酱油、味精、香油少许，葱花5克

制作方法

1. 将猪瘦肉洗净切丝、汆水；腐竹用温水泡开切小段；黑木耳泡发，撕成小片备用。
2. 净锅上火倒入食用油，将葱花爆香，倒入水，下入瘦肉丝、腐竹、黑木耳，调入盐、味精、酱油煮沸，淋入香油，用红椒丝、香菜叶装饰即可。

黑木耳蛋汤

材料

黄瓜125克，水发黑木耳20克，鸡蛋1个，枸杞子各少许

调味料

食用油15毫升，盐3克，鸡精1克，香油3毫升，葱丝少许

制作方法

1. 将黄瓜洗净切丝；水发黑木耳洗净切丝；鸡蛋打入盛器内搅匀备用。
2. 净锅上火倒入食用油，下入黄瓜、黑木耳炒片刻，倒入水，调入盐、鸡精煮开，浇入鸡蛋液，放入枸杞子，撒上葱丝，淋入香油即可。

黄瓜黑木耳汤

材料

黄瓜120克，水发黑木耳、银耳各25克，红椒丝少许

调味料

食用油20毫升，盐5克，葱花、姜末各3克，香油3毫升

制作方法

1. 将黄瓜洗净切丝；水发黑木耳、银耳均洗净切丝备用。
2. 净锅上火倒入食用油，将葱、姜爆香，下入黄瓜丝、水发黑木耳、银耳丝稍炒，倒入水，调入盐煲至熟，淋入香油，撒上红椒丝即可。

双耳桂圆口蘑汤

材料

水发黑木耳、银耳各30克，口蘑20克，桂圆肉8克，红椒末少许

调味料

盐5克，白糖2克，葱段少许

制作方法

1. 将水发黑木耳、银耳洗净撕成小朵；口蘑洗净撕成小块；桂圆肉泡至回软备用。
2. 汤锅上火倒入水，下入水发黑木耳、银耳、口蘑、桂圆肉，调入盐、白糖煲至熟，撒上葱段、红椒末即可。

双耳山楂汤

材料

银耳、黑木耳、山楂各10克

调味料

盐、鸡精各适量

制作方法

1. 将银耳、黑木耳泡发后，分别撕成小朵；山楂洗净切片。
2. 将上述材料加水煎汤，加盐、鸡精调味即可。

双耳鸡汤

材料

鸡肉250克，黑木耳50克，银耳50克，红椒丝3克

调味料

盐、食用油各少许，味精2克，姜末、姜丝、葱丝3克，香油4毫升

制作方法

1. 将鸡肉洗净剁小块；黑木耳、银耳提前泡发，均撕成小块备用。
2. 起锅放水，煮沸后加入鸡块汆烫捞出。
3. 净锅上火倒入食用油，将姜末炝香，下入鸡块、黑木耳、银耳同炒，倒入水，调入盐、味精煲至熟，淋入香油，撒入姜丝、葱丝、红椒丝即可。

双耳鲤鱼汤

材料

鲤鱼1条，黑木耳、银耳各50克，红椒圈少许，香菜段3克

调味料

食用油30毫升，盐少许，味精2克高汤适量

制作方法

1. 将鲤鱼洗净剁块；黑木耳、银耳均泡发洗净，撕成小块备用。
2. 锅上火倒入食用油，下入鲤鱼稍煎，加入高汤，调入盐、味精，下入黑木耳、银耳煲至汤白，撒入香菜段、红椒圈即可。

当归党参银耳汤

材料

水发银耳200克，菜心、当归、党参各适量

调味料

食用油25毫升，盐6克，鸡精3克，葱、姜各2克，香油、枸杞子各适量

制作方法

1. 将水发银耳洗净撕成小朵；菜心洗净备用。
2. 净锅上火倒入食用油，将葱、姜、当归、党参炒香，倒入水，调入盐、鸡精煮开，下入水发银耳、枸杞子、菜心稍煮，淋入香油即可。

银耳枸杞子乌鸡汤

材料

乌鸡300克，银耳100克，枸杞子10克

调味料

食用油20毫升，盐6克，味精2克，姜片5克，葱丝少许

制作方法

1. 将乌鸡洗净斩块，汆水备用；银耳洗净摘成小朵备用；枸杞子浸泡洗净。
2. 净锅上火倒入食用油，下入姜片炝香，再放入乌鸡略炒，加入水，调入盐、味精，下入银耳、枸杞子煲至熟，撒入葱丝即可。

苹果鸡爪猪腱汤

材料

苹果2个，鸡爪2个，银耳15克，猪腱250克

调味料

盐适量

制作方法

1. 苹果洗干净，连皮切成4份，去核；猪腱洗净，剁块；鸡爪斩去趾甲，洗净。
2. 银耳浸透，剪去梗蒂；猪腱、鸡爪汆水，冲干净。
3. 锅中加清水，将所有材料加入，以大火煲10分钟，改小火煲2个小时，加盐调味即可。

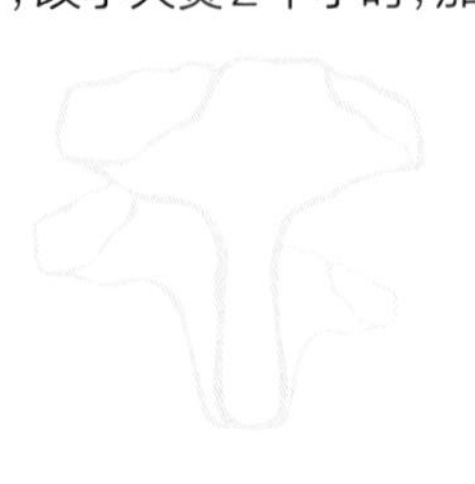

银耳猪脊骨汤

材料

猪脊骨 750克
银耳 50克
青木瓜 100克
红枣 10颗

调味料

盐 8克

制作方法

1. 猪脊骨洗净，斩大块；青木瓜去皮、籽，洗净，切块。
2. 银耳用水泡发，洗净，撕小朵；红枣洗净。
3. 把猪脊骨、青木瓜、红枣放入清水锅内，大火煮开后，改小火煲 1 个小时；放入银耳，再煲 20 分钟，最后加盐调味即可。

银耳花旗参猪肚汤

材料

猪肚250克，银耳100克，花旗参25克，乌梅3颗

调味料

盐适量

制作方法

1. 银耳以冷水泡发，去蒂撕成小朵；花旗参洗净备用。
2. 猪肚刷洗干净，汆水，切片。
3. 将猪肚、银耳、花旗参、乌梅和水放入锅内，以小火煲 2 个小时，最后加盐调味即可。

苹果银耳猪腱汤

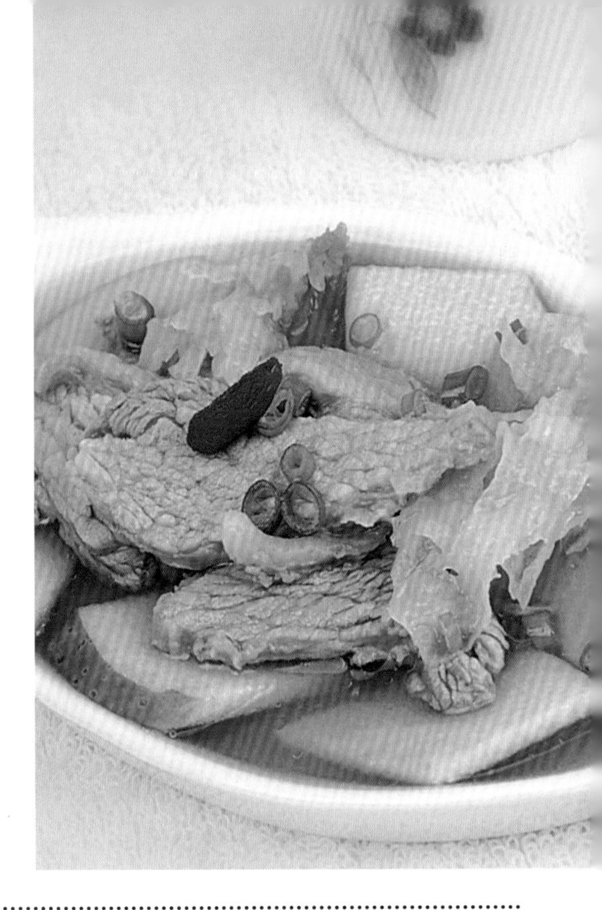

材料

猪腱120克，苹果45克，水发银耳10克，枸杞子少许

调味料

食用油20毫升，盐6克，姜片、葱花、白糖各5克

制作方法

1. 将猪腱洗净，切片汆水，捞出备用；苹果洗净、切片；水发银耳洗净，撕成小朵备用。
2. 净锅上火倒入食用油，将姜片炒香，下入猪腱煸炒至八成熟时，下入苹果、水发银耳同炒，倒入水，加入枸杞子，调入盐、白糖，煲至熟，撒入葱花即可。

银耳椰子鸡汤

材料

椰子1个，鸡1只，银耳40克，杏仁10克，蜜枣4颗

调味料

姜3片，盐5克

制作方法

1. 鸡洗净，去内脏，剁成小块，汆水备用；椰子去壳取肉，切块。
2. 银耳放清水中浸透，剪去硬梗，洗净撕小朵；椰子肉、蜜枣、杏仁分别洗净。
3. 锅中放入适量水，加入上述所有材料，待水滚开后放姜片，转小火煲约 2 个小时，放盐调味即成。

银耳蛋花汤

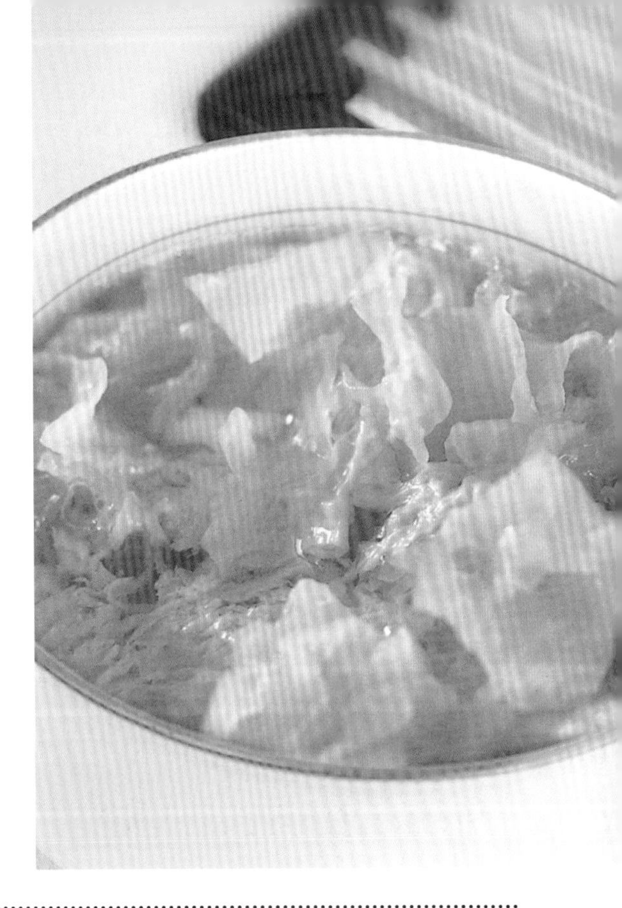

材料

银耳20克，鸡蛋2个

调味料

食用油5毫升，盐3克

制作方法

❶ 银耳泡发，去除根蒂部硬结，撕成小朵，洗净，入开水中焯烫后，用冷水略冲。

❷ 将鸡蛋敲碎，搅成蛋液备用。

❸ 将750毫升清水放入瓦锅内，煮沸后放入油、银耳，续煮15分钟，最后倒入蛋液，加盐调味即可。

银耳海鲜汤

材料

鲑鱼200克，虾仁10只，蚌肉100克，银鱼100克，银耳15克

调味料

葱20克，盐5克，淀粉5克

制作方法

❶ 银耳冲净，浸入清水中泡发后，捞起去蒂，撕成小朵。

❷ 鲑鱼洗净切丁；虾仁洗净挑去泥肠；银鱼、蚌肉洗净；葱洗净，切花；淀粉加水调匀即水淀粉。

❸ 锅中加水，先下入银耳煮沸后，再加入鲑鱼、蚌肉、虾仁、银鱼，煮熟后加盐调味，再加入水淀粉和匀，撒上葱花即可。

银耳竹荪蛋汤

材料

竹荪50克，银耳20克，鸡蛋2个

调味料

姜3片，葱1根，盐3克

制作方法

❶ 银耳洗净，泡软，去蒂头、撕小朵；鸡蛋打散，成蛋液；葱洗净切花。

❷ 竹荪提前泡发、洗净后，焯烫5分钟，去异味，切段。

❸ 将银耳、竹荪入锅，加1500毫升水、姜片、葱花以大火煮开，转中火煮10分钟后，加入蛋液稍煮片刻，加盐调味即成。

银耳瘦肉汤

材料

猪瘦肉300克，银耳100克，红枣10克，香菜末3克

调味料

食用油15毫升，盐适量，鸡精2克，葱末3克

制作方法

❶ 将猪瘦肉洗净，切丁，汆水备用；银耳泡发，撕小片；红枣去核洗净。

❷ 锅内放食用油，放猪瘦肉煸炒，加水，再入银耳、红枣，煮至汤滚沸后转小火，加盐煲至熟。

❸ 加鸡精调味，撒入葱末、香菜末即成。

荷兰豆香菇粉丝汤

材料

粉丝80克，香菇50克，荷兰豆100克，青椒50克

调味料

盐3克，白醋5毫升

制作方法

1. 香菇洗净切条；荷兰豆洗净，切成丝；青椒洗净，切小粒。
2. 锅入水烧开，下香菇、荷兰豆、粉丝煮熟，捞出沥水后入盘。
3. 加盐、白醋调味，撒上青椒粒即可。

香菇豆腐汤

材料

鲜香菇100克，豆腐90克，水发竹笋20克

调味料

清汤适量，盐5克，葱末3克

制作方法

1. 将鲜香菇洗净切片；豆腐洗净切片，水发竹笋洗净，切片备用。
2. 净锅上火倒入清汤，调入盐，下入香菇、豆腐、水发竹笋煲至熟，撒入葱末即可。

香菇白菜魔芋汤

材料

鲜香菇50克，白菜150克，魔芋100克

调味料

盐5克，淀粉、食用油各适量，味精3克

制作方法

❶ 鲜香菇洗净对切；白菜洗净切菱形片。

❷ 魔芋切成薄片，下入沸水中焯去碱味后，捞出备用。

❸ 将白菜倒入热油锅内炒软，再将 500 毫升水倒入锅中，加盐煮沸，放入香菇、魔芋同煮约 2 分钟；加味精调味，以淀粉勾芡汁，拌匀即可。

香菇猪肉芋头汤

材料

芋头200克，猪肉90克，鲜香菇8朵，香菜末3克

调味料

食用油10毫升，盐少许，八角1个，葱花、姜末各2克

制作方法

❶ 将芋头去皮洗净，切滚刀块；猪肉洗净切片；鲜香菇洗净泡发、切块备用。

❷ 净锅上火倒入油，将姜末、八角爆香，下入猪肉煸炒，下入芋头、香菇同炒，倒入水，调入盐煲至熟，撒香菜末、葱末，盛入碗中即可。

香菇黑木耳猪骨汤

材料

鲜香菇120克，水发黑木耳30克，枸杞子少许，猪骨适量

调味料

盐5克，葱花少许

制作方法

❶ 将香菇洗净、切片；水发黑木耳洗净撕成小朵；猪骨洗净敲碎备用。

❷ 净锅上火倒入水，调入盐，下入猪骨以大火煲约 40 分钟，捞去残渣，下入香菇、水发黑木耳、枸杞子煲至熟，撒上葱花即可。

香菇猪肚汤

材料

猪肚250克，香菇190克，枸杞子、小豆苗各少许

调味料

食用油12毫升，盐4克，葱、姜各2克

制作方法

❶ 将猪肚洗净，切片，汆水；香菇浸泡、洗净切片备用。

❷ 净锅上火倒入油，将葱、姜爆香，下入猪肚、香菇煸炒，倒入水，加入枸杞子、小豆苗稍煮，调入盐，煲至熟即可。

板栗香菇老鸡汤

材料

老鸡200克，板栗肉30克，干香菇20克，红椒圈少许

调味料

盐5克，葱花各少许

制作方法

1. 将老鸡宰杀洗净，斩块汆水；板栗肉洗净；香菇浸泡、洗净备用。
2. 净锅上火倒入水，调入盐，下入鸡肉、板栗肉、香菇煲至熟透，撒入红椒圈、葱花即可。

香菇瘦肉老鸡汤

材料

老母鸡400克，猪瘦肉200克，干香菇50克，枸杞子少许，香菜叶5克

调味料

盐6克，味精3克，葱、姜、蒜各6克，高汤、食用油各适量

制作方法

1. 将老母鸡宰杀、洗干净，斩块，汆水。
2. 猪瘦肉洗净，切片汆水；香菇泡好洗净备用。
3. 净锅上火，倒入油，将葱、姜、蒜炝香，倒入高汤，再下入老母鸡、猪瘦肉、香菇、枸杞子，调入盐、味精，小火煲至熟，撒入香菜叶即可。

香菇冬笋鸡汤

材料

鸡肉250克，鲜香菇80克，枸杞子、冬笋、上海青各少许

调味料

盐少许，味精5克，香油2毫升，葱、姜各3克，食用油适量

制作方法

1. 将鸡洗净，剁块汆水；鲜香菇去根洗净切片；冬笋洗净切片；上海青洗净备用。
2. 炒锅上火倒入食用油，将葱、姜爆香，倒入水，下入鸡肉、香菇、冬笋，调入盐烧沸，转小火煲至鸡肉熟烂，放入上海青、枸杞子稍煮，加入味精，淋入香油即可。

绿豆香菇鸡爪汤

材料

鸡爪200克，去皮绿豆100克，鲜香菇20克，红椒圈2克，香菜叶5克

调味料

盐适量，味精6克，姜片2克

制作方法

1. 将鸡爪去趾甲，洗净汆水；绿豆泡发、洗净；鲜香菇去根，洗净对切备用。
2. 炒锅上火倒入水，调入盐、味精、姜片烧开，放入鸡爪、去皮绿豆、香菇煲至熟，撒上香菜叶、红椒圈即可。

香菇鹌鹑汤

材料

鹌鹑1只，冬笋片、香菇、火腿、红椒末各适量，芹菜叶少许

调味料

猪油、鲜汤各适量，黄酒、盐、鸡精、胡椒粉各少许

制作方法

1. 鹌鹑洗净去内脏；冬笋、香菇洗净，切碎；火腿切末。
2. 炒锅上火，下猪油烧热，倒入鲜汤，下入以上除火腿外的所有材料，用大火煮沸。
3. 改用小火煮1个小时，加火腿末、黄酒、盐、红椒末、鸡精、胡椒粉稍煮，撒上芹菜叶即可。

香菇鱼肚汤

材料

鱼肚50克，干香菇10克，黑木耳10克，韭黄20克，鸡蛋1个，薄荷叶少许

调味料

盐3克，鸡精2克，水淀粉10克

制作方法

1. 鱼肚泡发、切丝；香菇泡发、洗净；黑木耳泡发撕小片；韭黄洗净切段；鸡蛋打散。
2. 锅上火，注入清水，加入盐，待水沸，放入备好的鱼肚、香菇、黑木耳，大火煮开后，继续煮约3分钟。
3. 调入盐、鸡精，用水淀粉勾芡后，淋入蛋液，下入韭黄段，搅匀，用薄荷叶装饰，即可出锅。

香菇海蜇汤

材料

海蜇120克，五花肉75克，水发香菇5朵

调味料

食用油20毫升，盐5克，鸡精3克，酱油少许，葱花、姜片各2克，香油4克，高汤适量

制作方法

❶ 将海蜇泡水去盐分，洗净切条焯水；五花肉洗净、切片；水发香菇洗净、切片备用。

❷ 净锅上火倒入食用油，将姜片爆香，下入五花肉煸炒，烹入酱油，倒入高汤，调入盐、鸡精，下入海蜇、水发香菇煲至熟，淋入香油，撒上葱花、红椒圈即可。

口蘑瘦肉汤

材料

口蘑250克，猪瘦肉150克

调味料

香油少许，鲜汤适量，姜10克，葱适量，胡椒粉3克，味精5克，盐5克

制作方法

❶ 口蘑洗净，切成块；猪瘦肉洗净切成片；姜洗净切末；葱洗净切花。

❷ 锅置大火上，加入鲜汤，烧开后下口蘑、瘦肉片同煮约 10 分钟。

❸ 最后下入盐、味精、胡椒粉、姜末、葱花，淋上少许香油即成。

口蘑鸡汤

材料

口蘑200克，鸡肉400克，红枣30克，莲子50克，枸杞子30克

调味料

盐5克，味精3克，鸡精3克，姜片10克

制作方法

1. 口蘑洗净切块；鸡肉洗净剁块；红枣、莲子、枸杞子泡发。
2. 鸡肉入沸水中汆透捞出，冲净。
3. 锅中加水烧开，下入姜片、鸡块、口蘑、红枣、莲子、枸杞子炖 90 分钟至鸡肉熟烂，调入盐、味精、鸡精即可。

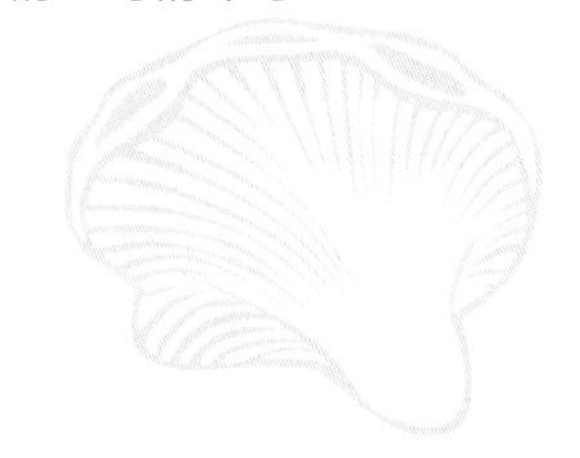

金针菇鸡腿汤

材料

鸡腿肉250克，金针菇125克，鲜香菇5朵，红椒末2克

调味料

盐、食用油各少许，葱花、姜片各2克

制作方法

1. 将鸡腿肉洗净、斩块、汆水；金针菇洗净；香菇洗净、切块备用。
2. 净锅上火倒入少许油，将姜片炝香，加水，下入鸡块、金针菇、香菇，调入盐煲至熟，撒入葱花、红椒末即可。

口蘑粉条鸡肉汤

材料

鸡肉　175克
口蘑　80克
水发粉条　20克
红椒片　少许
胡萝卜丝　少许

调味料

高汤　适量
盐　4克
酱油　2毫升
葱花　少许

制作方法

1. 将鸡肉洗净切块；口蘑洗净切片；水发粉条洗净，切段备用。
2. 净锅上火倒入高汤，下入鸡肉烧开，捞去浮沫，下入口蘑、胡萝卜丝、水发粉条，调入盐、酱油煲至熟，撒入红椒片、葱花即可。

口蘑豆腐鲫鱼汤

材料

豆腐175克，鲫鱼1条，口蘑45克，枸杞子少许

调味料

清汤适量，盐4克，香油5毫升，葱段少许

制作方法

1. 豆腐洗净切块；鲫鱼洗净斩块；口蘑洗净切块备用。
2. 净锅上火，倒入清汤，下入鲫鱼、豆腐、口蘑、枸杞子烧开，调入盐，煲至熟，淋入香油，撒入葱段即可。

口蘑灵芝鸭汤

材料

鸭肉400克，口蘑125克，灵芝5克，红椒丝、香菜梗各少许

调味料

盐5克

制作方法

1. 将鸭肉洗净、斩块、汆水；口蘑洗净切块；灵芝洗净浸泡备用。
2. 锅上火倒入水，下入鸭肉、口蘑、灵芝，调入盐煲至熟，撒入香菜梗和红椒丝即可。

金针菇黑木耳瘦肉汤

材料

金针菇100克，水发黑木耳50克，猪肉45克，枸杞子少许

调味料

清汤适量，盐4克

制作方法

1. 将金针菇洗净；水发黑木耳洗净切丝；猪肉洗净切丝备用。
2. 汤锅上火倒入清汤，调入盐，下入金针菇、水发黑木耳、枸杞子、猪肉煲至熟即可。

金针菇羊肉汤

材料

羊肉300克，金针菇100克，白萝卜50克，香菜20克

调味料

盐4克，姜20克，料酒适量

制作方法

1. 羊肉洗净，切成薄片；金针菇洗净；白萝卜洗净，切块；香菜洗净，切段；姜洗净，切片。
2. 锅中烧热水，放入羊肉汆烫片刻，捞起。
3. 另起锅，烧沸水，放入羊肉、金针菇、白萝卜、姜片、香菜，倒入料酒煮熟，最后撇净浮沫，调入盐即可。

口蘑丝瓜蛋花汤

材料

丝瓜125克，口蘑50克，鸡蛋1个，枸杞子2克

调味料

食用油10毫升，盐4克，胡椒粉各2克，葱花3克

制作方法

1. 将丝瓜洗净切片；口蘑洗净切片；鸡蛋打入容器搅匀备用。
2. 净锅上火倒入油，下入葱花煸炒出香味，下入丝瓜、鲜口蘑同炒，倒入水，调入盐，再加入蛋液、枸杞子煲至熟，调入胡椒粉搅匀即可。

金针菇鸡丝汤

材料

鸡胸肉200克，金针菇150克，黄瓜20克，枸杞子少许

调味料

高汤适量，盐4克

制作方法

❶ 将鸡胸肉洗净切丝；金针菇洗净切段；黄瓜洗净切丝备用。

❷ 汤锅上火倒入高汤，调入、枸杞子盐，下入鸡胸肉、金针菇煮至熟，撒入黄瓜丝、枸杞子略煮即可。

金针菇鸡蛋羹

材料

豆腐175克，鸡蛋1个，金针菇45克，红椒圈、香菜梗各少许

调味料

清汤适量，盐4克，葱花少许，香油5毫升

制作方法

❶ 豆腐洗净切丝；鸡蛋打散；金针菇洗净备用。

❷ 净锅上火，倒入清汤，调入盐，下入蛋液、豆腐、金针菇烧开，煲至熟，淋入香油，撒入红椒圈、香菜梗、葱花即可。

滑子菇兔肉汤

材料

兔肉200克，滑子菇100克，红椒圈、香菜梗各3克

调味料

盐少许，味精2克

制作方法

❶ 将去骨兔肉洗净、切丁、汆水；滑子菇用温水浸泡备用。

❷ 净锅上火倒入水，下入兔肉、滑子菇，调入盐、味精烧沸，撒入香菜梗、红椒圈即可。

本菇鸡蛋汤

材料

本菇200克，鸡蛋2个，薄荷叶少许

调味料

盐适量

制作方法

❶ 本菇入清水中洗去泥沙，切去根部；薄荷叶洗净；锅中加水烧开，下入本菇煮熟。

❷ 待本菇熟后，打入鸡蛋，搅匀，下入薄荷叶，煮 2 分钟后，调入盐即可出锅。

鸡腿菇鸡心汤

材料

鸡腿菇200克，鸡心100克，枸杞子10克

调味料

盐5克，味精3克，鸡精2克，姜片10克

制作方法

1. 鸡腿菇洗净切厚片；鸡心切掉脂肪，洗净淤血。
2. 枸杞子入冷水中泡发；鸡心入沸水中汆透，再入冷水中洗净。
3. 锅中加水烧开，下入姜片、鸡心、枸杞子煲 20 分钟，下入鸡腿菇，再煲 10 分钟，调入盐、味精、鸡精调味即可。

平菇虾米鸡丝汤

材料

鸡胸肉200克，平菇45克，虾米5克

调味料

高汤适量，盐少许，葱花少许

制作方法

1. 将鸡胸肉洗净切丝，汆水；平菇洗净撕成条；虾米洗净稍泡备用。
2. 净锅上火倒入高汤，下入鸡胸肉、平菇、虾米烧开，调入盐煮至熟，撒入葱花即可。

鸡腿菇排骨汤

材料

排骨200克，鸡腿菇150克，红枣20克

调味料

姜10克，高汤1000毫升，盐5克，味精4克

制作方法

❶ 鸡腿菇洗净切成块；排骨洗净剁成小段；红枣洗净；姜切片。

❷ 锅中加水烧沸，下入排骨段氽去血水后，捞出。

❸ 锅中下入高汤，先下入姜片、排骨、红枣煲 40 分钟，再下入鸡腿菇煲 10 分钟后，调入盐和味精即可。

杏鲍菇螺肉猪肚汤

材料

猪肚200克，杏鲍菇150克，海螺100克，红椒丝3克

调味料

食用油30毫升，盐6克，味精3克，葱、姜各5克，高汤适量，白醋少许

制作方法

❶ 将猪肚用盐和白醋反复搓洗干净、氽水、切大片备用。

❷ 杏鲍菇洗净切片；海螺去外壳，将螺肉切成片。

❸ 炒锅上火倒入油，下葱、姜爆香，加入高汤，调入盐、味精，下入猪肚、杏鲍菇、海螺片煲熟，撒上红椒丝即可食用。

杏鲍菇兔肉汤

材料

杏鲍菇100克，兔肉200克

调味料

姜片4克，葱段3克，盐4克，味精2克，清汤、食用油各适量

制作方法

1. 杏鲍菇洗净，切成薄片；兔肉洗净后切成小块；锅中加水烧开，下入兔肉块汆水后，捞出。
2. 另起锅上火，加油烧热，下入姜片、葱段、兔肉块爆炒后，再加入杏鲍菇炒匀，倒入清汤，煮10分钟后，调入盐、味精即可。

猪肚菇猪肉汤

材料

猪肚菇150克，猪肉100克

调味料

葱5克，姜4克，盐4克，味精3克，清汤适量

制作方法

1. 猪肉洗净，切成小方块；猪肚菇洗净，撕成小条；姜洗净切片；葱洗净切段。
2. 锅中下清汤烧开，下入姜片、猪肉块煮熟后，加入猪肚菇。
3. 以大火煮20分钟后，调入盐、味精，撒上葱段即可。

猴头菇黄芪鸡汤

材料

鸡1只，猴头菇250克，黄芪50克

调味料

姜片少许，盐、香油、味精各适量

制作方法

❶ 将鸡洗净，去内脏，剁成小块。

❷ 将鸡块放入沸水中略氽烫，捞出；猴头菇切去根，用清水泡软，洗净，切小块；黄芪洗净。

❸ 锅内注入清水，放入鸡肉块、黄芪、姜片、盐，用大火烧沸；再加入猴头菇，用小火炖煮 30 分钟，用味精调味，淋入香油即可。

野山菌鲫鱼汤

材料

鲫鱼400克，枸杞子、野山菌、香菜叶各适量

调味料

葱、姜、胡椒粉、盐、食用油各适量

制作方法

❶ 将葱洗净切段；姜洗净切末；鲫鱼去鳞洗净备用。

❷ 锅内注油烧热，下入葱、姜爆香，入鲫鱼煎至鱼身两面金黄，加水烧开，放入枸杞子、野山菌煮 15 分钟，加入胡椒粉和盐，撒入香菜叶即可。

多菌菇土鸡汤

材料

土鸡400克，水发多菌菇50克，红椒圈少许

调味料

盐5克，味精2克，姜片3克，食用油适量，葱丝少许

制作方法

❶ 将土鸡洗净、斩块汆水；水发多菌菇洗净备用。

❷ 净锅上火倒入油，将姜片炝香，下入土鸡煸炒至断生，再下入多菌菇略炒后倒入水，调入盐、味精烧沸，煲至熟，撒入葱丝、红椒圈即可。

多菌菇牛蹄筋汤

材料

牛蹄筋150克，多菌菇适量，香菜叶3克，红椒圈少许

调味料

酱油适量

制作方法

❶ 将牛蹄筋洗净、切块；多菌菇洗净，切块备用。

❷ 净锅上火倒入水，下入牛蹄筋、多菌菇烧开，调入酱油煮至熟，撒入香菜叶、红椒圈即可。

双花多菌菇汤

材料

西蓝花 75克
花菜 75克
多菌菇 125克
鸡胸肉 50克
红椒粒 少许

调味料

高汤 适量
盐 4克

制作方法

1. 将西蓝花、花菜洗净掰成小朵；多菌菇洗净；鸡胸肉洗净切块、汆水备用。
2. 净锅上火倒入高汤，下入西蓝花、花菜、多菌菇、鸡胸肉，调入盐，煲至熟，撒入红椒圈即可。

山药多菌菇老鸡汤

材料

老鸡400克，多菌菇150克，山药100克，红椒圈3克

调味料

盐少许，味精3克，食用油少许，高汤、葱花各3克

制作方法

1. 将老鸡洗净、斩块、汆水；多菌菇浸泡洗净切块；山药去皮，洗净切片备用。
2. 炒锅上火倒入油，将葱花爆香，加入高汤，下入老鸡、多菌菇、山药，调入盐、味精，煲至熟，撒入红椒圈即可。

多菌菇鸡肉汤

材料

多菌菇200克，鸡肉125克，枸杞子5克

调味料

食用油25毫升，盐4克，酱油少许，葱花2克，香油3毫升

制作方法

1. 将多菌菇洗净；鸡肉洗净切片备用。
2. 净锅上火倒入食用油，将葱花爆香，下入鸡肉片煸炒，烹入酱油，下入多菌菇翻炒，倒入水，加入枸杞子，调入盐煮至鸡肉熟，淋入香油即可。

多菌菇鸡爪汤

材料

鸡爪200克，多菌菇100克，眉豆30克，枸杞子少许

调味料

食用油25毫升，盐5克，鸡精3克，高汤适量，葱、姜各5克

制作方法

1. 将鸡爪用水浸泡，去趾甲，洗净；多菌菇浸泡洗净；眉豆用冷水浸泡，洗净备用。
2. 净锅上火倒入油，将姜、葱炝香，倒入高汤，调入盐、鸡精，加入鸡爪、多菌菇、眉豆、枸杞子煲至熟即可。

什锦菇猪骨汤

材料

猪排骨200克，香菇、滑子菇、茶树菇、猴头菇各适量，胡萝卜少许

调味料

盐3克

制作方法

❶ 猪骨洗净，剁成大块，汆去血水；香菇、滑子菇、茶树菇、猴头菇均洗净备用；胡萝卜去皮洗净，切片。

❷ 汤锅上火倒入水，下入猪骨、香菇、滑子菇、茶树菇、猴头菇、胡萝卜煲至熟，调入盐即可。

茶壶双菇鸡汤

材料

小杏鲍菇100克，鲜香菇50克，鸡肉100克，蛤蜊50克

调味料

柴鱼酱油、米酒各少许

制作方法

❶ 所有调味料加入适量水煮至沸腾，成汤底备用。

❷ 鸡肉洗净，切小块，汆烫；蛤蜊洗净；杏鲍菇洗净；香菇洗净切片备用。

❸ 取茶壶放入鸡肉、杏鲍菇、香菇、蛤蜊，再倒入调好的汤底，盖上壶盖，放入蒸锅中，以大火蒸约 15 分钟即可。

什锦鲜菇汤

材料

金针菇、鲜香菇、杏鲍菇共120克，小豆苗10克，熟白芝麻少许

调味料

酱油、米酒、盐、香油各少许

制作方法

1. 将所有菇去蒂、洗净、切片；小豆苗洗净，切段，备用。
2. 锅烧热，加入香油，放入所有菇炒香，再加入适量水煮至滚沸。
3. 续加入剩余调味料和备好的小豆苗段再煮1分钟，上桌前撒上磨碎的熟白芝麻即可。

牛奶口蘑汤

材料

口蘑200克，培根40克，牛奶200毫升，胡萝卜丝20克

调味料

盐、食用油各适量，鸡精适量，蒜末5克

制作方法

1. 口蘑洗净切薄片；培根切细末，备用。
2. 热锅，倒入适量的油，放入蒜末、培根炒香，再放入口蘑片、胡萝卜丝炒匀。
3. 加入200毫升水煮至沸腾，再加入牛奶煮至沸腾，以盐、鸡精调味即可。

猪肚菇乌鸡汤

材料

猪肚菇150克，乌鸡600克，红枣10颗

调味料

姜片15克，米酒适量，盐少许

制作方法

❶ 将猪肚菇洗净去根；红枣洗净，备用。

❷ 乌鸡洗净斩块，汆烫后捞出备用。

❸ 取电饭锅内锅，放入乌鸡、姜片、红枣、水以及米酒、盐后；将内锅放回电饭锅中，并在外锅加适量水，按下开关煮至开关跳起。

❹ 开锅盖，放入猪肚菇，外锅再加少量水，按下开关续煮至开关跳起即可。

草菇排骨汤

材料

草菇200克，排骨300克，胡萝卜块、白萝卜块各50克

调味料

米酒、盐各少许，鲣鱼粉少许

制作方法

❶ 将草菇洗净；排骨洗净后斩块、汆烫备用。

❷ 热锅后放入 1000 毫升水，待煮滚后放入排骨、胡萝卜块、白萝卜块，煮约 30 分钟。

❸ 最后放入草菇、所有调味料，煮至入味即可。

焖、烧

焖和烧是我国烹调技艺中十分常用的两种烹调方法，适用于各种食材，其成菜色泽油润光亮、口味醇厚鲜美，深受人们喜爱。焖、烧瓜果菌菇，汁浓味香，最适合下饭。本章将为您呈现花样百变的菌菇类焖烧菜肴。

草菇焖冬瓜球

材料

冬瓜300克，草菇、胡萝卜各100克

调味料

盐、味精、食用油各适量

制作方法

❶ 冬瓜洗净，去皮，挖成球形；草菇洗净，对切；胡萝卜洗净，切片，打花刀。

❷ 油锅烧热，放入草菇、冬瓜和胡萝卜稍炒，加入适量水稍焖。

❸ 待水快干时,加入盐和味精调味,出锅即可。

双菇焖黄瓜

材料

滑子菇、白玉菇、黄瓜各150克

调味料

盐、味精、食用油各适量

制作方法

❶ 黄瓜洗净，去皮，切薄片；滑子菇、白玉菇洗净，用水浸泡。

❷ 热锅下油，放入黄瓜、滑子菇、白玉菇和水稍焖。

❸ 加盐焖至熟，最后入味精调味即可。

草菇红烧肉

材料

五花肉500克，草菇100克

调味料

料酒10毫升，酱油25毫升，白糖3克，盐3克，葱白段、姜片各5克

制作方法

❶ 草菇去蒂洗净，对切后沥干；五花肉刮洗干净，切成块。

❷ 锅置火上，放入五花肉块煸炒，加入料酒、酱油、白糖、葱白段、姜片，略炒后倒入砂锅。

❸ 再放入草菇，加适量热水大火烧沸，改小火焖1个小时，加盐再焖至五花肉块酥烂，拣去姜片即可。

茶树菇红烧肉

材料

五花肉250克，茶树菇150克，红椒、青椒各20克，干红椒15克

调味料

盐3克，葱15克，食用油适量

制作方法

❶ 将茶树菇洗净，切段；五花肉洗净切块；红椒、青椒洗净，切圈；干红椒、葱洗净，切段。

❷ 锅中倒油烧热，放入红椒、青椒、干红椒、葱爆香。

❸ 再放入茶树菇、五花肉炒匀后，加适量水烧至水快干时，调入盐即可。

三菇烧虾仁

材料

上海青150克，香菇、草菇、滑子菇各100克，油豆腐、虾仁各适量

调味料

盐3克，鸡精2克，蚝油15毫升，料酒、食用油各适量

制作方法

❶ 上海青洗净，放入沸水中，加盐焯熟后捞出摆盘；香菇、草菇、滑子菇、虾仁分别洗净；油豆腐洗净，切块。

❷ 油锅烧热，放入油豆腐炒出香味，下香菇、草菇、滑子菇、虾仁同炒至熟。

❸ 烹入料酒，加入鸡精、蚝油调味，烧至汁快收干，即可出锅盛盘。

菌菇全家福

材料

香菇、滑子菇、平菇、猪肉丝、虾仁、豌豆各100克，生菜、青椒、红椒各少许

调味料

盐、酱油、料酒、食用油各适量

制作方法

❶ 香菇、滑子菇、平菇、豌豆、生菜均洗净；猪肉丝、虾仁洗净，用料酒腌渍；青椒、红椒洗净，去籽切块。

❷ 油锅烧热，倒入香菇、虾仁、豌豆、生菜同炒，加入酱油，出锅盛盘。

❸ 用余油爆香青椒、红椒，下猪肉丝滑炒至熟，加水烧开，放入滑子菇、平菇、盐一起焖熟，盛在盘中即可。

咖喱什锦菇

材料

金针菇、滑子菇、平菇、杏鲍菇各100克，南瓜200克，西蓝花少许

调味料

咖喱粉、食用油各适量，红油8毫升，椰奶15毫升

制作方法

❶ 金针菇、滑子菇、平菇、杏鲍菇均洗净待用，平菇、杏鲍菇切片；南瓜去皮洗净，切小块；西蓝花洗净，掰成小朵后焯熟；咖喱粉加适量清水调匀。

❷ 油锅烧热，放入南瓜炒至断生，下金针菇、滑子菇、平菇、杏鲍菇同炒片刻。

❸ 倒入咖喱、椰奶煮开，焖至南瓜熟烂，调入红油，出锅后摆入西蓝花点缀即成。

茶树菇烧肉

材料

带皮五花肉300克，干茶树菇100克

调味料

盐3克，酱油10毫升，白糖5克，食用油适量

制作方法

❶ 带皮五花肉洗净，切块后用酱油、白糖腌渍入味；干茶树菇泡发，洗净备用。

❷ 油锅烧热，下带皮五花肉炒至变色，放入茶树菇同炒片刻，加少许清水烧开。

❸ 盖上锅盖焖15分钟，调入盐，烧至五花肉熟烂即可。

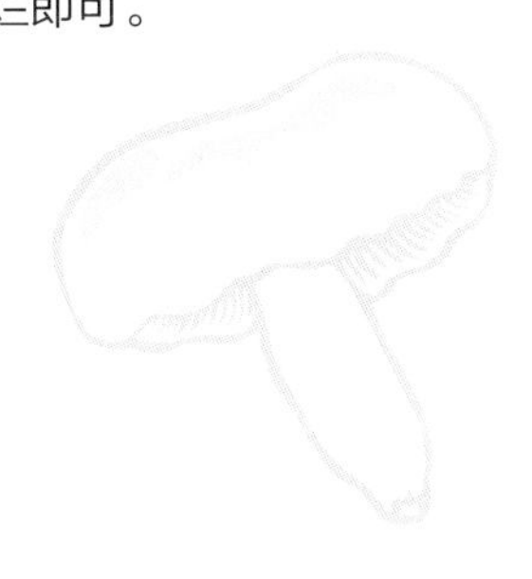

白果焖竹荪

材料

上海青250克，竹荪、香菇各100克，胡萝卜、白果各适量

调味料

盐3克，鸡汤、食用油各适量

制作方法

❶ 上海青洗净；竹荪、香菇分别洗净泡发；胡萝卜去皮洗净，切片；白果去壳，用温水浸泡。

❷ 油锅烧热，放入竹荪、香菇、胡萝卜稍炒，加入鸡汤烧沸。

❸ 加入上海青、白果一起焖熟，焖至入味时调入盐，捞出摆盘即可。

三菌焖蹄筋

材料

猪蹄筋、上海青各200克，滑子菇、姬菇、竹荪各适量，胡萝卜少许

调味料

盐3克，高汤、食用油各适量，料酒10毫升

制作方法

❶ 猪蹄筋洗净，切段后用料酒腌渍去腥；上海青择洗干净；滑子菇、姬菇、竹荪均洗净，泡好待用；胡萝卜去皮洗净，切片。

❷ 油锅烧热，下猪蹄筋炒至断生，放入上海青、滑子菇、姬菇、竹荪、胡萝卜同炒片刻。

❸ 倒入高汤煮开，焖至猪蹄筋熟软入味，加入盐调味即可。

香菇焖上海青

材料

水发香菇250克，油面筋100克，上海青200克，熟白芝麻少许

调味料

盐3克，蚝油15毫升，水淀粉10克，食用油适量

制作方法

❶ 水发香菇洗净，菌盖打十字花刀；油面筋、上海青分别洗净。

❷ 锅中注水烧沸，加盐，放入上海青焯熟，捞出沥水，摆盘。

❸ 起油锅，下油面筋炒至出油，加适量清水烧开，放入水发香菇、蚝油一起焖至熟；收汁时用水淀粉勾芡，出锅盛在上海青上，最后撒上熟白芝麻即可。

白咖喱鲜杂菌

材料

口蘑、杏鲍菇各150克，豌豆100克，红椒、香菜叶各少许

调味料

白咖喱粉、食用油各适量，酱油8毫升

制作方法

❶ 口蘑、杏鲍菇分别洗净切片；豌豆、香菜叶均洗净备用；红椒洗净、切丝。

❷ 油锅烧热，放入口蘑、杏鲍菇、豌豆翻炒至变色。

❸ 白咖喱粉加水调匀，倒入锅中焖煮至汁浓稠，加入酱油调味，最后撒上红椒丝、香菜叶即可。

特色双菇面筋

材料

香菇、杏鲍菇、油面筋、冬笋各100克，上海青200克，土豆适量

调味料

盐3克，蚝油15毫升，水淀粉10克，食用油适量

制作方法

1. 香菇洗净，切片；杏鲍菇、上海青、油面筋分别洗净；冬笋洗净，切片；土豆去皮洗净、切块。
2. 油锅烧热，下油面筋炒至出油，放入香菇、杏鲍菇、冬笋、土豆同炒片刻。
3. 续加适量清水烧开，调入蚝油焖至汁浓，用水淀粉勾芡，出锅装盘。
4. 锅中入水烧开，加盐，放入上海青焯熟，捞出摆盘即可。

双菇南瓜盅

材料

南瓜1个，香菇、草菇各150克，红椒50克

调味料

盐2克，鸡精1克，酱油10毫升，水淀粉、食用油各适量

制作方法

1. 南瓜洗净，切顶去瓤，做成南瓜盅，放入蒸锅中蒸熟，取出待用；香菇洗净泡发、切片；草菇洗净，对切；红椒洗净，去籽切块。
2. 油锅烧热，放入红椒炝香，下香菇、草菇炒熟，加少许清水烧开。
3. 调入盐、鸡精、酱油焖至入味，用水淀粉勾芡，出锅盛入南瓜盅中。

鹅肝酱焖鸡腿菇

材料

鸡腿菇350克，青椒、红椒各少许

调味料

鹅肝酱适量，水淀粉10克，食用油适量

制作方法

1. 鸡腿菇洗净；青椒、红椒洗净，切粒。
2. 油锅烧热，放入鸡腿菇炒至断生，加适量水、鹅肝酱一起焖至熟。
3. 收汁后用水淀粉勾芡，盛在盘中，最后撒上青椒粒、红椒粒。

黑椒白灵菇

材料

白灵菇300克，洋葱、青椒、红椒各适量

调味料

水淀粉、食用油各适量，黑胡椒粉8克，XO酱15克

制作方法

1. 白灵菇洗净，切片后用水淀粉上浆；洋葱及青椒、红椒分别洗净，切菱形片。
2. 油锅烧热，下白灵菇炸至金黄色捞出；锅内留少许底油，放入洋葱及青椒、红椒一起翻炒。
3. 把白灵菇放入，加适量清水烧开，调入黑胡椒粉、XO酱焖至入味，待收汁即可。

酱香菇

材料

干香菇100克，红椒50克

调味料

盐2克，食用油适量，酱油15毫升

制作方法

❶ 干香菇泡发洗净，切块；红椒洗净，去籽后切菱形块，摆盘。

❷ 油锅烧热，放入香菇炒香，加适量清水烧开。

❸ 加入盐、酱油焖至入味，出锅装盘。

红椒鲜香菇

材料

鲜香菇400克，红椒50克，香芹叶少许

调味料

鲍汁、食用油各适量

制作方法

❶ 鲜香菇洗净；红椒洗净，切圈，摆盘。

❷ 油锅烧热，倒入鲜香菇炒至断生，加适量清水烧开。

❸ 烹入鲍汁，烧至汁浓即可装盘，用香芹叶装饰。

铁板茶树菇

材料

茶树菇300克，洋葱100克，青椒、红椒各50克

调味料

盐2克，酱油8毫升，鸡精1克，食用油适量

制作方法

❶ 茶树菇洗净，摘去菌盖；洋葱洗净，切丝；青椒、红椒洗净，切条。

❷ 油锅烧热，下洋葱炒香，加盐调味，出锅盛在铁板上；用余油爆香青椒、红椒，放入茶树菇同炒片刻。

❸ 锅中加少许清水烧开，调入酱油、鸡精焖至入味，出锅淋在铁板上即可。

石锅双菌

材料

滑子菇、茶树菇各100克，油豆腐、上海青各150克，干红椒适量

调味料

盐、鸡精各2克，食用油、酱油各15毫升

制作方法

❶ 滑子菇、茶树菇均洗净待用；油豆腐洗净，切块；上海青洗净，剖成两半。

❷ 油锅烧热，下油豆腐炒至出油，放入滑子菇、茶树菇、上海青、干红椒一同翻炒。

❸ 锅中加水烧开，加入盐、鸡精、酱油焖至熟，收汁即可盛入石锅。

牛肝菌烧肉

材料

牛肝菌100克，五花肉200克，西蓝花150克，青椒少许

调味料

盐、鸡精各2克，酱油10毫升，食用油适量，白糖5克

制作方法

1. 牛肝菌洗净，切片；五花肉洗净，切块；西蓝花洗净，掰成小朵；青椒洗净，切斜圈。
2. 五花肉用酱油、白糖抹匀腌渍；油锅烧热，放入西蓝花炒熟，加盐调味，出锅装盘。
3. 另起油锅，放入五花肉炒香，下牛肝菌同炒至熟，加水、鸡精焖至入味即可装盘，最后撒上青椒圈即可。

蟹粉杏鲍菇

材料

杏鲍菇350克，蟹粉100克

调味料

盐2克，酱油8毫升，料酒10毫升，姜少许，食用油适量

制作方法

1. 杏鲍菇洗净，切片；姜去皮，剁成蓉，加入蟹粉中拌匀。
2. 油锅烧热，倒入蟹粉炒香，烹入料酒，下杏鲍菇同炒片刻。
3. 锅中加水煮开，加入盐、酱油调味，焖至汁浓即可。

素蚝油烧金针菇

材料

金针菇200克，小豆苗50克，黑芝麻少许，白芝麻少许

调味料

食用油适量，素蚝油适量，白糖、香油各少许，盐少许，姜末20克

制作方法

1. 金针菇洗净切小段；小豆苗取嫩叶洗净，放入沸水中加入盐、香油各少许，焯烫后捞起备用。
2. 取锅，加入适量食用油，将姜末放入锅中爆香，再放入金针菇炒至微软。
3. 加入剩余调味料、100毫升水，焖至入味后盛盘，再将焯烫好的小豆苗放入摆盘。
4. 最后撒上芝麻装饰即可。

百里香奶油焖口蘑

材料

口蘑100克，洋葱1/2个，新鲜百里香2根，蒜2瓣，红椒50克

调味料

食用油、奶油各适量，盐少许，黑胡椒粉少许

制作方法

1. 将口蘑洗净，切成小块状；洋葱洗净切丝；蒜去皮，与红椒洗净切片，备用。
2. 取炒锅，加入食用油烧热，放入洋葱丝、蒜片与红椒片，以中火先爆香，再加入口蘑块和奶油、盐、黑胡椒粉、200毫升水炒匀。
3. 最后以中火将口蘑块焖至软化入味、汤汁略收干，放入百里香即可。

什锦烧草菇

材料

草菇200克，胡萝卜1/3个，虾仁80克，西芹3根，红椒1个

调味料

蒜2瓣，香油少许，辣豆瓣酱少许，盐少许，白胡椒粉少许，水淀粉、食用油各适量

制作方法

❶ 先将草菇洗净再对切；虾仁去泥肠，洗净备用。

❷ 胡萝卜、西芹皆洗净切小片；蒜与红椒洗净切片，备用。

❸ 取炒锅，加入食用油烧热，再加入蒜和红椒爆香后，加入胡萝卜、西芹以中火翻炒。

❹ 续放入草菇、虾仁、水与其余调味料（水淀粉除外），烧熟后以水淀粉勾芡即可。

芦笋烧珊瑚菇

材料

珊瑚菇150克，芦笋100克，火腿2片，胡萝卜30克，红椒1个

调味料

香油少许，白糖少许，黄豆酱少许，盐少许，白胡椒粉少许，水淀粉少许，蒜2瓣

制作方法

❶ 珊瑚菇去蒂，切小块再洗净；火腿切小片；芦笋洗净去老丝，切斜段；胡萝卜洗净切小片；蒜与红椒皆洗净切片，备用。

❷ 取炒锅，倒入食用油烧热，再加入蒜片与红椒片，以中火先爆香。

❸ 接着加入胡萝卜、芦笋、珊瑚菇、火腿片与其余调味料，烧至入味即可。

珊瑚菇烧丝瓜

材料

珊瑚菇120克，丝瓜1/2根，虾仁80克

调味料

食用油适量，盐少许，鸡精少许，米酒少许，水淀粉少许，香油少许，姜丝、葱段各10克

腌料

米酒少许，盐少许，淀粉少许

制作方法

❶ 先将珊瑚菇洗净；丝瓜洗净去皮切块；虾仁洗净，加入所有腌料腌5分钟。

❷ 热锅后加入食用油，再放入姜丝、葱段爆香，续加入切好的丝瓜拌炒后加水煮滚。

❸ 放入珊瑚菇、虾仁和其余调味料（水淀粉除外）烧至熟，最后以少许水淀粉勾芡即可。

咖喱焖秀珍菇

材料

秀珍菇250克，五花肉100克，红椒1个

调味料

蒜2瓣，葱1根，咖喱粉少许，酱油少许，盐少许，黑胡椒粉少许，食用油适量

制作方法

❶ 先将秀珍菇洗净，再切成小段状，备用。

❷ 五花肉洗净切片；红椒洗净切圈；蒜洗净切片；葱洗净切段，备用。

❸ 取炒锅，倒入食用油烧热，加入红椒圈、蒜片爆香后再加入五花肉以中火先爆炒，然后加入秀珍菇段与其他调味料（除葱段外），加少量水焖煮后，撒上葱段即可。

泡菜烧鲜菇

材料

秀珍菇120克，金针菇100克，猪肉薄片100克，韩式泡菜100克

调味料

A.酱油少许，味淋少许
B.盐少许，白胡椒粉少许
C.食用油适量

制作方法

❶ 猪肉薄片洗净，撒上调味料B；金针菇去蒂头，洗净切段，备用。
❷ 热锅，倒入适量的油，放入腌好的猪肉薄片煎至上色，放入秀珍菇、金针菇段炒匀。
❸ 最后加入调味料A、韩式泡菜烧至入味即可。

舞菇烧娃娃菜

材料

舞菇140克，娃娃菜150克，白果30克，猪肉片60克，蒜片10克，葱段10克，胡萝卜片25克

调味料

食用油适量，盐、白糖、鸡精、水淀粉各少许，高汤100毫升

腌料

酱油少许，米酒少许，淀粉少许

制作方法

❶ 先将舞菇、娃娃菜洗净，舞菇撕成条备用。
❷ 将娃娃菜、白果放入沸水中焯烫后捞起；猪肉片放入腌料中腌5分钟后，过油捞起备用。
❸ 热锅倒入其余食用油后，依序放入蒜片、葱段炒香。
❹ 续放入舞菇、焯烫的娃娃菜、猪肉片、胡萝卜和白果，拌炒均匀。
❺ 最后加入其余调味料（除水淀粉外）和高汤煮滚后，以水淀粉勾芡即可。

鸡汤双菇

材料

黑珍珠菇60克，白珍珠菇60克，姜末10克

调味料

食用油适量，鸡汤80毫升，盐少许，绍兴酒少许，牛奶少许，水淀粉少许，香油少许

制作方法

1. 热锅，倒入食用油，以小火爆香姜末。
2. 放入黑珍珠菇及白珍珠菇、鸡汤、盐及绍兴酒，小火略煮约1分钟。
3. 以水淀粉勾芡，再淋入牛奶拌匀，关火洒上香油，拌匀后装入盘中即可。

鸡丝烧金针菇

材料

金针菇150克，鸡肉丝50克，胡萝卜丝40克

调味料

A.米酒少许，蛋清少许，淀粉少许，水少许，葱丝10克

B.高汤300毫升，盐少许，白糖少许，白胡椒粉少许，水淀粉少许，香油少许

制作方法

1. 鸡胸肉洗净，加入调味料A抓匀，与金针菇、胡萝卜丝放入沸水中烫10秒钟，捞出冲凉，沥干备用。
2. 高汤入锅后，加入所有处理好的食材，煮至沸腾，加入盐、白糖及白胡椒粉。
3. 拌匀后，用水淀粉勾芡，再洒上香油即可。

05

煎、炸、烤

煎、炸、烤是简单易学的烹调方法，其成菜色泽金黄，口感酥香，有助于增强食欲，令人胃口大开。瓜果菌类用此法烹饪，别有一番风味。炸茄子外酥内嫩，烤辣椒焦香可口，烤口蘑独具鲜香口感……让您享受到中西结合的极致美味，现在就来现学现做吧！

炸香菇

材料

鲜香菇200克，脆浆粉1碗，生菜1片

调味料

胡椒盐、食用油各适量

制作方法

❶ 鲜香菇切去蒂，略洗沥干备用；生菜洗净备用。

❷ 脆浆粉分次加入水拌匀，再加入食用油搅匀。

❸ 将鲜香菇表面沾裹适量调好的脆浆，放入三四成热的油中，以小火炸3分钟，转大火炸30秒，捞出沥油。

❹ 将生菜叶铺于盘底后盛盘，食用时再撒上胡椒盐即可。

蒜味椒盐炸香菇

材料

鲜香菇4朵，蒜3瓣，葱1根，鸡蛋1个，红椒1/2个

调味料

盐少许，白胡椒粉少许，蒜粉少许，香油少许，面粉适量，食用油适量

制作方法

❶ 先将鲜香菇去蒂头后洗净，切成片状；蒜去皮，与红椒切碎；葱洗净切花，备用；鸡蛋打散。

❷ 将所有调味料和水混合，搅拌均匀，打入蛋液，加入适量水拌至成面糊。

❸ 将鲜香菇片放入五六成热的油中炸成金黄色，再炸至酥脆状即可。

❹ 起锅，加入蒜碎、红椒碎炒香，放入炸好的香菇片，拌炒均匀；起锅前再加入葱花，撒上少许黑胡椒粉即可。

香料炸香菇丝

材料

鲜香菇蒂120克，新鲜香菇2朵

调味料

葱1根，盐少许，白胡椒粉少许，面粉适量

制作方法

1. 将鲜香菇蒂洗净、剥成丝；鲜香菇洗净、切丝；葱洗净、切丝，备用。
2. 将香菇蒂丝与香菇丝拍入些许的面粉，再放入七八成热的油锅中，炸成酥脆状，捞起滤油备用。
3. 将炸好的香菇蒂丝和香菇丝放入盘中，再撒入盐、白胡椒粉，摆上葱丝即可。

酥炸杏鲍菇

材料

杏鲍菇100克，青椒2个，低筋面粉适量

调味料

胡椒盐、食用油各适量，酥浆粉50克

制作方法

1. 杏鲍菇洗净，切厚长片状；青椒洗净去籽；酥浆粉和80毫升水混合均匀成酥浆糊，备用。
2. 将杏鲍菇片沾裹上薄薄的低筋面粉，再裹上酥浆糊。
3. 将杏鲍菇放入油锅中炸至表面金黄，再放入青椒略炸。
4. 将杏鲍菇和青椒取出沥油后盛盘，撒上胡椒盐即可。

鲜菇天妇罗

材料

鲜香菇3朵，珊瑚菇40克，秀珍菇40克，茄子1/2个，四季豆40克，芹菜叶20克，西蓝花30克，鸡蛋1个，低筋面粉80克，白萝卜泥30克

调味料

酱油适量，味淋适量，姜汁少许，食用油适量

制作方法

1. 将鲜香菇、珊瑚菇、秀珍菇洗净。
2. 茄子、四季豆洗净切段；西蓝花、芹菜叶洗净备用，西蓝花切成小朵。
3. 鸡蛋打散，加入100毫升冰水搅匀，再加入低筋面粉搅拌成面糊。
4. 将做法1、做法2的材料分别沾裹鸡蛋面糊，放入热油锅中炸至表面酥脆。
5. 最后将其余调味料混合均匀，食用时搭配蘸取即可。

炸香菇春卷

材料

猪肉泥100克，鲜香菇10朵，红椒1/2个，韭菜50克，春卷皮6张

调味料

酱油少许，香油少许，淀粉少许，盐少许，白胡椒粉少许，食用油适量，蒜2瓣

制作方法

1. 鲜香菇洗净去蒂，再切成小丁状；蒜、红椒洗净切丁；韭菜洗净切碎，备用。
2. 取炒锅，先加入食用油烧热，放入猪肉泥炒至肉变白，再加入做法1的材料，以中火炒香。
3. 再加入其余调味料翻炒均匀，盛起放凉，备用。
4. 将炒好的材料分6等份，放在6张春卷皮上，慢慢地将春卷皮包卷起来，放入五六成热的油锅中，炸至表面呈金黄色即可。

罗勒盐酥口蘑丁

材料

口蘑250克，罗勒30克，薯粉适量，淀粉适量

调味料

盐少许，蒜末10克，鸡精少许，胡椒粉少许，香油少许，食用油适量

制作方法

1. 口蘑洗净切块，取一容器加入口蘑块和所有调味料（食用油除外），拌匀腌渍备用。
2. 罗勒取嫩叶洗净备用。
3. 淀粉、薯粉加水拌匀，再放入腌好的口蘑块，均匀裹上糊。
4. 最后将口蘑放入热油锅中炸熟捞出，再放入罗勒略炸后取出即可。

炸红薯什锦菇

材料

鲜香菇2朵，秀珍菇30克，黑珍珠菇30克，金针菇30克，红薯120克，芹菜叶15克，中筋面粉适量，鸡蛋1个

调味料

盐少许，香菇粉少许，胡椒粉少许，香油少许，食用油适量

制作方法

1. 先将鲜香菇、秀珍菇、黑珍珠菇、金针菇均洗净切段；红薯去皮切丝，备用。
2. 取一容器加入所有调味料（食用油除外），依序加入中筋面粉、鸡蛋，搅拌均匀成糊状。
3. 放入所有处理好的食材与做法2中面糊混合均匀，每次取适量放入热油锅中炸熟至上色，直到食材用完即可。

迷迭香金针菇卷

材料

金针菇100克，猪肉泥100克，红椒1个，春卷皮8张

调味料

迷迭香少许，白糖少许，葱1根，蒜2瓣，盐少许，白胡椒少许，香油少许，食用油适量

制作方法

1. 将金针菇切去根，再洗净沥干水；蒜、红椒、葱皆洗净切碎，备用。
2. 取炒锅，倒入食用油烧热，加入猪肉泥炒至肉变白，再加入蒜碎、红椒碎和葱碎，翻炒均匀。
3. 续加入备好的金针菇和剩余调味料（食用油除外），一起翻炒均匀即为馅料，盛起放凉，备用。
4. 将春卷皮平铺，摊上适量炒好的馅料，再将春卷皮卷起成圆筒状；放入180℃的油锅中，炸至表面呈金黄色，捞起沥干油后切段即可。

炸口蘑蔬菜球

材料

口蘑6朵，胡萝卜50克，红椒1个，香菜2棵，猪肉泥100克，葱1根，面粉适量

调味料

盐少许，白胡椒粉少许，香油少许，蛋清30克，淀粉适量，酱油少许，食用油适量

制作方法

1. 将口蘑切除蒂头，再洗干净、沥干。
2. 胡萝卜、葱、红椒和香菜都洗净切末，再与猪肉泥和所有的调味料（食用油除外），搅拌均匀成肉馅，备用。
3. 将调好的肉馅镶入洗净的口蘑中，再拍上少许面粉，放入五六成热的油锅中，炸至表面呈金黄色即可。

酥炸珊瑚菇

材料

珊瑚菇200克，芹菜嫩叶10克，低筋面粉40克，玉米粉20克，蛋黄1个

调味料

七味粉适量，胡椒盐适量，食用油适量

制作方法

1. 低筋面粉与玉米粉拌匀，加入75毫升冰水后，以搅拌器迅速拌匀，再加入蛋黄拌匀即成面糊，备用。
2. 热锅，倒入约400毫升的食用油，以大火烧至五六成热，将珊瑚菇及芹菜嫩叶分别沾上已调好的面糊，入油锅炸约10秒至表皮呈金黄色，捞起后，沥干油装盘。
3. 将其余调味料混合成七味胡椒盐，可搭配炸珊瑚菇蘸食。

炸鸡心草菇

材料

草菇20朵，鸡心10个，蒜苗2根，红椒2个

调味料

酱油少许，盐少许，黑胡椒粉少许，香油少许，白糖少许，淀粉适量，食用油适量

制作方法

1. 将草菇洗净；鸡心洗净，放入滚水中汆烫，去除脏污血水；蒜苗与红椒皆洗净切小段，备用。
2. 将草菇、鸡心和红椒用竹签串起，再放入混合的调味料（除食用油外）中腌渍约15分钟。
3. 将腌渍好的材料与蒜苗放入约190℃的油锅中，炸至表面上色且熟，捞出盛盘即可。

醋淋烤菇

材料

鲜香菇50克，松茸菇50克，白玉菇50克，珊瑚菇2大朵，小豆苗20克

调味料

白醋适量，味淋少许，柴鱼酱油少许

制作方法

❶ 鲜香菇洗净切片；松茸菇、白玉菇、珊瑚菇洗净剥散；所有调味料混合均匀，备用。

❷ 将香菇片、松茸菇、白玉菇、珊瑚菇放入烤箱中，以220℃烤至上色且熟，取出盛盘。

❸ 小豆苗洗净沥干，加入做法2的盘中拌匀，再淋上做法1混合的调味料即可。

奶油烤金针菇

材料

金针菇400克，西芹末适量

调味料

奶油适量，盐少许

制作方法

❶ 金针菇洗净、切除根部，备用。

❷ 取烤盘，装入金针菇及所有调味料，拌均备用。

❸ 烤箱预热180℃，放入调好味的金针菇烤3分钟后，撒上新鲜西芹末即可取出。

奶油烤杏鲍菇

材料

杏鲍菇3个，玉米笋2根，芦笋2根，蒜末10克

调味料

盐少许, 黑胡椒粉适量，奶油30克

制作方法

❶ 杏鲍菇洗净去根; 玉米笋洗净; 芦笋洗净。

❷ 用铝箔纸抹上奶油，放入蒜末，再放上杏鲍菇、玉米笋、芦笋和所有调味料。

❸ 另取一张铝箔纸覆盖包好，放入烤箱烤约15分钟即可。

黑椒烤杏鲍菇

材料

杏鲍菇3个，熟白芝麻适量

调味料

酱油适量，白糖适量，香油少许，味淋少许，盐少许，黑胡椒粉少许

制作方法

❶ 杏鲍菇洗净、切片状，再放入加水混合好的调味料中拌匀，腌渍约10分钟，备用。

❷ 将腌好的杏鲍菇放入预热好的烤箱, 以上下火200℃烤约10分钟, 至杏鲍菇表面微干。

❸ 将烤好的杏鲍菇片取出,撒上熟白芝麻即可。

味噌烤香菇

材料

鲜香菇150克，茄子100克，话梅2颗

调味料

味噌适量，白糖适量，香油少许

制作方法

1. 茄子洗净切斜片；鲜香菇洗净去蒂，将茄子片和香菇串好备用。
2. 混合所有调味料，加200毫升水拌匀成酱料，放入话梅，涂抹在蔬菜串上，放入已预热的烤箱中，以上火200℃、下火150℃烤约3分钟，至蔬菜串外观略呈焦状即可。

焗烤奶酪香菇

材料

鲜香菇12朵，培根3片，西芹1/2根，小黄瓜1个，奶酪丝、香菜叶各适量

调味料

盐少许，蛋黄酱适量，粗黑胡椒粉少许，米酒水、淀粉各适量

制作方法

1. 培根入干锅中煎至略焦后，取出切成小丁；西芹洗净切小丁；小黄瓜去皮切小丁，备用。
2. 香菇去除蒂头后，用米酒水洗净备用。
3. 将做法1的所有材料加入盐、粗黑胡椒粉拌匀，再加入蛋黄酱拌匀。
4. 将香菇用餐巾纸擦干水，刷上薄薄的一层淀粉，将做法3的材料填入香菇中，再撒上奶酪丝。
5. 烤箱预热后，放入做法4的香菇，以180℃烤至奶酪呈金黄色后取出，再放上香菜叶作装饰即可。

焗烤香菇番茄片

材料

香菇片300克，鸡蛋1个，番茄片200克，奶酪丝100克

调味料

牛奶200毫升

制作方法

1. 鸡蛋打散，加牛奶混合拌匀。
2. 将鲜香菇片和番茄片整齐排入焗烤容器中，淋上混合的鸡蛋牛奶，撒上奶酪丝备用。
3. 将已调味的香菇、番茄片放入已预热的烤箱中，以上火180℃、下火150℃烤约10分钟至熟后取出。

焗烤西蓝花鲜菇

材料

秀珍菇25克，黑珍珠菇20克，鲜香菇2朵，西蓝花150克，蒜末10克，洋葱末10克，玉米笋2根（切片），奶酪丝适量

调味料

盐少许，黑胡椒粒少许，奶酪粉少许，食用油适量

制作方法

1. 将秀珍菇、黑珍珠菇、鲜香菇分别洗净备用。
2. 西蓝花切小朵洗净后，放入沸水中，再加玉米笋片、少许盐焯烫一下。
3. 热锅加食用油，先将蒜末、洋葱末爆香，放入做法1的所有菇类拌炒；再放入焯烫的西蓝花、玉米笋片以及其余调味料炒匀。
4. 将炒好的食材盛入烤皿中，撒上奶酪丝，放入烤箱中，烤至表面上色即可。

奶酪培根烤口蘑

材料

大颗口蘑6朵，培根40克，洋葱40克，奶酪丝50克

调味料

无盐奶油1大匙，黑胡椒粉少许，盐少许，蒜末10克

制作方法

❶ 将口蘑蒂头去掉后，洗净放置烤盘上；洋葱及培根切末，备用。

❷ 热锅，放入奶油、蒜末、培根末、盐、黑胡椒粉，以小火煸炒至洋葱软化、培根微焦香后取出。

❸ 将做法2炒好的材料填入口蘑蒂头凹洞中，填满后铺上奶酪丝，放入烤箱以上下火200℃烤约5分钟，至表面金黄即可。

咖喱蔬菜烤口蘑

材料

口蘑160克，蒜苗1棵，红椒1个，西蓝花20克，秋葵4个，奶酪丝100克

调味料

咖喱粉适量，香油少许，米酒1大匙，盐少许，白胡椒粉少许，食用油适量

制作方法

❶ 口蘑洗净，对切；蒜苗洗净切小片；红椒洗净切片；西蓝花洗净切小朵；秋葵洗净去蒂；烤箱以200℃预热约10分钟，备用。

❷ 取炒锅，加入食用油烧热，放入除蒜苗外的食材以中火爆香，再加入其余调味料和水，拌炒均匀至香气散出。

❸ 取一烤皿，将炒好的材料放入，再撒上奶酪丝，放入预热好的烤箱中，以200℃烤约10分钟，至表面上色且奶酪丝溶化，最后撒上蒜苗即可。

白酱口蘑

材料

A.口蘑(小)120克，西蓝花100克

B.奶油适量，低筋面粉适量，奶酪片2片，面包粉适量

调味料

牛奶150毫升，黑胡椒粉适量，鸡精少许，盐适量，食用油少许

制作方法

❶ 西蓝花洗净，切小朵焯烫后沥干；口蘑洗净，备用。

❷ 热锅，放入奶油热至溶化，放入低筋面粉炒香，加入150毫升水、牛奶煮沸，放入奶酪片拌煮至溶化即成白酱，熄火备用。

❸ 另热锅，倒入少许油，放入口蘑、西蓝花及其余调味料煎炒，倒入白酱，撒入面包粉拌匀。

焗烤松茸菇

材料

松茸菇150克，白玉菇100克，玉米笋8根，西蓝花1/3朵，蟹肉棒2根，奶酪丝50克

调味料

市售白酱适量，盐少许，白胡椒粉少许

制作方法

❶ 先将松茸菇和白玉菇去蒂、洗净；玉米笋洗净切块；西蓝花洗净切成小朵，上述材料放入滚水中焯烫过水，捞起，备用。

❷ 蟹肉棒洗净放入滚水中，稍微汆烫过水后捞起沥干；烤箱以200℃预热约10分钟。

❸ 取烤皿，盛入烫过的松茸菇、白玉菇、玉米笋、西蓝花、蟹肉棒和所有调味料，再撒入奶酪丝。

❹ 将烤皿放入预热好的烤箱中，以200℃烤至表面上色且奶酪溶化即可。

蒸、煮

蒸，是人们常用的烹饪方法之一，菌菇类搭配各种食材及调味料蒸制，既可以保持其营养不流失，又可以保持独具鲜香的不同口感。煮，则是将食材放入大量的汤汁或清水中煮熟，成菜美观大方，味美汁多，特别适合烹调菇类菜肴，也深受人们欢迎。本章将为您介绍多款以菌菇类为主要食材的蒸煮菜肴。

鸡汁黑木耳

材料

水发黑木耳250克，枸杞子15克，西芹30克

调味料

鸡汁300毫升，盐3克，鸡精2克，食用油适量

制作方法

1. 将水发黑木耳洗净，撕成小片；西芹洗净，打花刀；枸杞子洗净沥干待用。
2. 油锅置火上，下入黑木耳稍炒，倒入鸡汁烧开，再下入枸杞子和西芹同煮。
3. 调入盐和鸡精，起锅装盘即可。

荠菜花菜煮草菇

材料

草菇150克，花菜200克，荠菜50克，胡萝卜片少许

调味料

香油15毫升，盐3克，鸡精2克，食用油少许

制作方法

1. 将草菇洗净，切块；花菜洗净，掰成小朵；荠菜洗净，切碎。
2. 锅加少许油烧至七成热，下入草菇和花菜滑炒片刻，倒入适量清水煮开，加入荠菜同煮。
3. 加盐和鸡精调味，淋入香油即可。

上汤金针菇

材料

金针菇200克，皮蛋100克

调味料

上汤300毫升，蒜50克，盐、鸡精各少许，食用油适量

制作方法

1. 将金针菇切去须根，洗净，沥干水分；皮蛋剥壳切小瓣，切开；蒜去皮，剥瓣洗净。
2. 炒锅加适量油烧至七成热，下入蒜稍炸，捞起待用；锅留底油，再倒入金针菇滑炒，加入上汤煮开，再倒入皮蛋同煮片刻。
3. 倒入蒜，加入盐和鸡精调味，装盘即可食用。

风味茶树菇

材料

茶树菇350克，猪瘦肉150克，红椒丁适量

调味料

盐、酱油、水淀粉各少许，葱花适量

制作方法

1. 将茶树菇泡好、洗净，沥干水分，用盐拌匀；猪瘦肉洗净切条，用盐、酱油、水淀粉拌匀腌渍。
2. 将茶树菇放入蒸笼中，倒入猪瘦肉条，入蒸锅中蒸熟即可。
3. 最后撒上红椒丁和葱花，即可食用。

猪皮双菇

材料

滑子菇、口蘑各150克，白菜200克，猪皮50克，火腿80克

调味料

上汤300毫升，盐3克，鸡精2克，食用油适量

制作方法

1. 将滑子菇洗净；口蘑洗净，切片；白菜洗净，切段；猪皮浸泡半个小时，切片；火腿切片。
2. 炒锅加适量油烧热，下入滑子菇和口蘑片翻炒，再倒入火腿片、白菜、猪皮拌炒片刻，倒入上汤煮至熟。
3. 最后加盐和鸡精调味，起锅装盘即可。

鲍汁白灵菇

材料

白灵菇100克，西蓝花少许

调味料

鲍汁、盐各适量

制作方法

1. 白灵菇洗净，切片；西蓝花洗净，切成小朵。
2. 将切好的白灵菇入盘摆好，放入西蓝花，入蒸锅蒸熟。
3. 将鲍汁、盐调成调味汁，倒入盘中即可。

蒜香蒸菇

材料

黑珍珠菇200克，红椒末10克

调味料

食用油适量，蒜末40克，酱油适量，白糖少许，米酒少许

制作方法

1. 黑珍珠菇用开水焯烫10秒后沥干，装盘备用。
2. 热锅，倒入食用油及蒜末、红椒末，以小火略炒5秒钟后，淋至焯熟的黑珍珠菇上。
3. 再将酱油、白糖、米酒拌匀，淋至黑珍菇上，放入蒸笼以大火蒸约3分钟后取出即可。

蛤蜊蒸菇

材料

松茸菇100克，金针菇50克，蛤蜊150克，姜丝5克，奶油丁10克

调味料

A.米酒少许，鸡精少许，盐少许
B.黑胡椒粉少许

制作方法

1. 松茸菇、金针菇、蛤蜊洗净，放入深碗中，加入姜丝、奶油丁。
2. 取电饭锅，外锅倒入适量水，按下开关至产生水蒸气，再放入做法1的碗隔水蒸至熟。
3. 取出撒上黑胡椒粉即可。

肉酱蒸菇

材料

黑珍珠菇150克，猪肉泥80克，香菜少许

调味料

A.辣椒酱20克，米酒少许，盐少许，酱油少许，白糖少许

B.水淀粉适量，食用油适量，蒜末15克

制作方法

1. 热锅后加入食用油，再放入蒜末爆香。
2. 续放入猪肉泥炒散，且炒至肉变白，加入调味料A炒香后，再加入150毫升水煮滚，煮约10分钟。
3. 续加入水淀粉勾芡后成肉酱，盛起备用。
4. 黑珍珠菇洗净去蒂头后，放入电饭锅内锅，再将调好的肉酱铺上，外锅加少量水，按下开关煮至开关跳起，焖5分钟后，撒上香菜即可。

蛤蜊蒸三鲜菇

材料

蛤蜊200克，鲜香菇3朵，金针菇30克，秀珍菇30克

调味料

姜丝10克，葱花10克，盐少许，胡椒粉少许，米酒、香油各少许

制作方法

1. 先将蛤蜊静置泡水至吐沙；鲜香菇洗净去蒂；金针菇去须根洗净；秀珍菇洗净；鲜香菇切片备用。
2. 取一容器将所有菇类、蛤蜊和姜丝放入，再加入除葱花外的调味料，放入蒸锅中蒸熟。
3. 取出容器，最后撒上葱花即可。